木上花开
Flowers on Mind

五谷丰登

在中国悠久而发达的农业活动中，形成了先进的农学。中国古代农学知识对周边国家产生过巨大影响。

『十三五』国家重点出版物出版规划项目

中国古代重大科技创新
ZHONGGUO GUDAI ZHONGDA KEJI CHUANGXIN

五谷丰登

中国科学院自然科学史研究所 总策划

陈朴 孙显斌 主编

陈桂权 编著

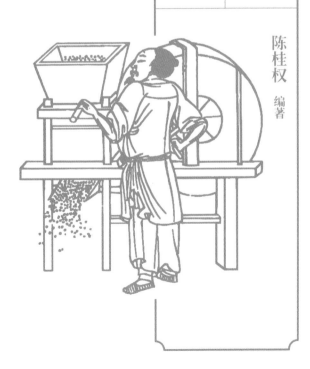

湖南科学技术出版社

图书在版编目（ＣＩＰ）数据

五谷丰登 / 陈桂权编著 . – 长沙 : 湖南科学技术出版社 , 2021.12
（中国古代重大科技创新 / 陈朴 , 孙显斌主编）
ISBN 978–7–5710–0557–3

Ⅰ . ①五… Ⅱ . ①陈… Ⅲ . ①作物—栽培技术 Ⅳ . ① S31

中国版本图书馆 CIP 数据核字 (2020) 第 056176 号

中国古代重大科技创新

WUGU FENGDENG

五谷丰登

编　　著：陈桂权（绵阳师范学院四川民间文化研究中心、四川民间文化普及基地）
出 版 人：潘晓山
责任编辑：李文瑶
出版发行：湖南科学技术出版社
社　　址：长沙市湘雅路 276 号
　　　　　http://www.hnstp.com
印　　刷：湖南印美彩印有限公司
　　　　　（印装质量问题请直接与本厂联系）
厂　　址：长沙市芙蓉区亚大路99号
邮　　编：410007
版　　次：2021 年 12 月第 1 版
印　　次：2021 年 12 月第 1 次印刷
开　　本：710mm×1000mm　1/16
印　　张：9.75
字　　数：112 千字
书　　号：ISBN 978–7–5710–0557–3
定　　价：58.00 元

中国有着五千年悠久的历史文化，中华民族在世界科技创新的历史上曾经有过辉煌的成就。习近平主席在给第22届国际历史科学大会的贺信中称："历史研究是一切社会科学的基础，承担着'究天人之际，通古今之变'的使命。世界的今天是从世界的昨天发展而来的。今天世界遇到的很多事情可以在历史上找到影子，历史上发生的很多事情也可以作为今天的镜鉴。"文化是一个民族和国家赖以生存和发展的基础。党的十九大报告提出："文化是一个国家、一个民族的灵魂。文化兴国运兴，文化强民族强。"历史和现实都证明，中华民族有着强大的创造力和适应性。而在当下，只有推动传统文化的创造性转化和创新性发展，才能使传统文化得到更好的传承和发展，使中华文化走向新的辉煌。

创新驱动发展的关键是科技创新，科技创新既要占据世界科技前沿，又要服务国家社会，推动人类文明的发展。中国的"四大发明"因其对世界历史进程产生过重要影响，而备受世人关注。但"四大发明"这一源自西方学者的提法，虽有经典意义，却有其特定的背景，远不足以展现中华文明的技术文明的全貌与特色。那么中国古代到底有哪些重要科技发明创造呢？在科技创新受到全社会重视的今天，也成为公众关注的问题。

科技史学科为公众理解科学、技术、经济、社会与文化的发展提供了独特的视角。近几十年来，中国科技史的研究也有了长足的进步。2013年8月，中国科学院自然科学史研究所成立"中国古代重要科技发明创造"研究组，邀请所内外专家梳理科技史和考古学等学科的研究成果，系统考察我国的古代科技发明创造。研究组基于突出原创性、反映古代科技发展的先进水平和对世界文明有重要影响三项原则，经过持续的集体调研，推选出"中国古代重要科技发明创造88项"，大致分为科学发现与创造、技术发明、工程成就三类。本套丛书即以此项研究成果为基础，具有很强的系统性和权威性。

了解中国古代有哪些重要科技发明创造，让公众知晓其背后的文化和科技内涵，是我们树立文化自信的重要方面。优秀的传统文化能"增强做中国人的骨气和底气"，是我们深厚的文化软实力，是我们文化发展的母体，积淀着中华民族最深沉的精神追求，能为"两个一百年"奋斗目标和中华民族伟大复兴奠定坚实的文化根基。以此为指导编写的本套丛书，通过阐释科技文物、图像中的科技文化内涵，利用生动的案例故事讲解科技创新，展现出先人创造和综合利用科学技术的非凡能力，力图揭示科学技术的历史、本质和发展规律，认知科学技术与社会、政治、经济、文化等的复杂关系。

另一方面，我们认为科学传播不应该只传播科学知识，还应该传播科学思想和科学文化，弘扬科学精神。当今创新驱动发展的浪潮，也给科学传播提出了新的挑战：如何让公众深层次地理解科学技术？科技创新的故事不能仅局限在对真理的不懈追求，还应有历史、有温度，更要蕴含审美价值，有情感的升华和感染，生动有趣，娓娓道来。让中国古代科技创新的故事走向读者，让大众理解科技创新，这就是本套丛书的编写初衷。

全套书分为"丰衣足食·中国耕织""天工开物·中国制造""构筑华夏·中国营造""格物致知·中国知识""悬壶济世·中国医药"五大板块，系统展示我国在天文、数学、农业、医学、冶铸、水利、建筑、交通等方面的成就和科技史研究的新成果。

中国古代科技有着辉煌的成就，但在近代却落后了。西方在近代科学诞生后，重大科学发现、技术发明不断涌现，而中国的科技水平不仅远不及欧美科技发达国家，与邻近的日本相比也有相当大的差距，这是需要正视的事实。"重视历史、研究历史、借鉴历史，可以给人类带来很多了解昨天、把握今天、开创明天的智慧。所以说，历史是人类最好的老师。"我们一方面要认识中国的科技文化传统，增强文化认同感和自信心；另一方面也要接受世界文明的优秀成果，更新或转化我们的文化，使现代科技在中国扎根并得到发展。从历史的长时段发展趋势看，中国科学技术的发展已进入加速发展期，当今科技的发展态势令人振奋。希望本套丛书的出版，能够传播科技知识、弘扬科学精神、助力科学文化建设与科技创新，为深入实施创新驱动发展战略、建设创新型国家、增强国家软实力，为中华民族的伟大复兴牢筑全民科学素养之基尽微薄之力。

冯立昇

2018 年 11 月于清华园

　　学者们经多年研究发现世界农业起源可能最早出现在西亚、非洲、东亚和美洲这四个地区。在东亚，中国是农业起源的集中地之一，许多动物都在这里被驯化、农作物被耕种，进而成为今天我们所常见的家畜与农作物。中国人进一步把它们传播到了世界各地，为丰富人类的物质生活做出重要贡献。

　　中国人最早种植的稻米，现已是世界上最多人口的口粮，全球30多个国家和地区的人以稻米为主食，稻米养活了世界上半数以上的人口。中国人生产的丝绸在公元前4世纪就已进入古罗马，并为上流社会所喜爱。今天，绸缎仍然是最受全世界人民欢迎的衣料之一。起源于中国的大豆，至今已遍及世界50多个国家和地区。中国人栽培的茶叶以及形成的茶文化改变了西方人的生活方式。茶、可可、咖啡并称为当今世界三大无酒精饮料。

原产中国传到世界各地的物产还有许多。有些由中国直接输入，因此保留有中国的名字，如茶（CHIA、闽南话TEA）、菽（大豆）在世界各地的语言中都基本保留了原来在中国的读音；苎麻被称为"中国草"。还有许多作物经第三地转入，因此带上第三地的名字，如桃经今伊朗等地西传至欧洲，希腊人称桃叫"波斯苹果"，杏叫"亚美尼亚苹果"。16 世纪上半叶，葡萄牙人将中国的甜橙带回栽培，欧洲人因此把甜橙叫"葡萄牙橙"。

　　在畜牧水产领域，中国人也对世界做出了贡献。北京鸭是全世界最好的鸭种之一，1873 年输往美国，次年由美国传至英国，1888 年传到日本，1925 年传到俄罗斯，现已遍及世界各地。九斤黄鸡和狼山鸡被世界各国的养鸡业者所喜爱。关中驴也曾输出到外国。世界上几种最好的猪种，如约克夏猪、巴克夏猪、波中猪等，在它们的培育过程中都引用过中国猪种。中国在水产养殖方面一直占据主导地位，中国人培育的金鱼，已经成为世界上最受欢迎的观赏鱼类之一。

图 0-0-1

著名科学史家李约瑟

李约瑟(1900—1995),英国近代生物化学家、科学技术史家,著有《中国的科学与文明》,即《中国科学技术史》。

中国古代的农业技术对世界农业产生过深远的影响。英国著名科学史家李约瑟在《中国科学技术史》中列举出中国古代26项重要科技发明,其中有10多项源自农业或者与农业相关,

图 0-0-2

《中国科学技术史》第二卷

比如灌溉农具龙骨水车、风扇车等。此外，西汉时期，中国的凿井技术向西传入中亚地区，对当地人们应对旱灾、发展农业起到重要作用。

中国悠久而发达的农业活动，形成了先进的农学。中国古代农学知识对周边国家产生过巨大影响。其中受中国影响最明显的是日本与朝鲜。原产中国的花卉，近代以来也被外国传教士引种到欧美国家，并在世界范围内传播开来。所以有人将中国称为"世界园林之母"。

中国作为世界农业的主要起源地之一，在悠久的农业发展史上取得了辉煌灿烂的成就，为世界做出了巨大贡献。限于篇幅，本书选取水稻栽培、粟作、大豆栽培、分行栽培四项中国农业史上最具代表性的成就进行简明扼要的介绍。我们希望通过阅读这本小书，读者朋友们对我国古代农业成就有所了解，对于粮食生产的重要性有更为深刻的认识，同时在现代农业高速发展的今天，了解传统农学成就也是对优秀传统文化的继承与发扬。

目录

CONTENTS

演秧

晨雨麦秋润午风榧
夏凉溪南与溪北笙
歌摵新秧掷不停
手左右熱乱行戒教
揕秧马代劳民莫忘

稻作的起源

　　水稻，这种禾本科植物如今已成为了世界第一大粮食作物。人类在驯化栽培稻之前是靠采集野生稻来吃上米的。所以说，从野生稻到栽培稻的过程是个非常有意思的话题。

图 1-1-1

野生稻

说明 野生稻是栽培稻的近缘祖先。普通野生稻经过长年栽培进化，成为栽培稻。水稻的人工栽培在人类发展史上具有重要意义，标志着人类实现对于高产粮食作物的控制，提高了生存能力。

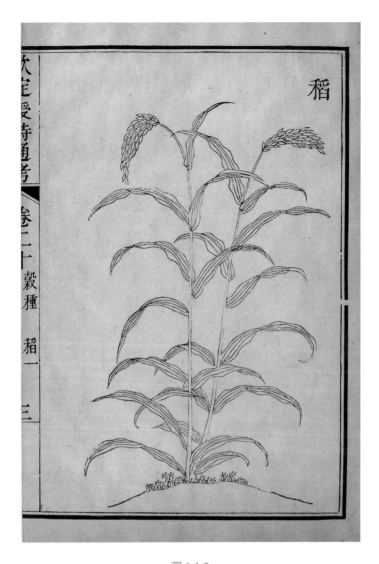

图 1-1-2

稻·《钦定授时通考》

说明 《钦定授时通考》是 1737 年乾隆皇帝命大学士鄂尔泰、张廷玉等纂修的一部大型官修综合性农书。此书汇辑前人关于农业方面的著述，搜集古代经、史、子、集中有关农事的记载达427 种之多，并配图 512 幅。共分 8 门：一为"天时"，论述农家四季活计；二为"土宜"，讲辨方、物土、田制、水利等内容；三为"谷种"，记载各种农作物的性质；四为"功作"，记述从垦耕到收藏各生产环节所需工具和操作方法；五为"劝课"，是有关历朝重农的政令；六为"蓄聚"，论述备荒的各种制度；七为"农余"，记述大田以外的蔬菜、果木、畜牧等种种副业；八为"蚕事"，记载养蚕缫丝等各项事宜。全书结构严谨，征引周详，涉及范围之广、内容之丰富，前所未见，堪称是一部古代农学的百科全书。此书不但对清代农、林、牧、副、渔各业生产的发展起到了指导和促进作用，且对国内外农业生产和农业科学的研究都具有深远的影响。

（一）神话传说

在中国的神话传说中，水稻的栽培与这样两个人物有着密切关系：一是盘古；二是神农氏。

盘古开天辟地的故事讲的是人类从哪里来的问题。只不过，这里的"盘古"二字是"盘葫"或"盘瓠"的误解，而"盘葫"其实就是葫芦。也就是说，这一神话将葫芦奉为人类的始祖。在西南少数民族中，也多有将葫芦认为是祖先的神话传说。这些少数民族也多是以水稻为主粮。在河姆渡遗址中，稻谷与葫芦一起被发现。水稻与葫芦共生的现象说明少数民族对原始稻作的传播发挥过重要作用。

▶

图 1-1-3

盘古像

盤古氏

在稻作起源的神话传说中还有一位比盘古影响更大的人物，他就是神农氏。神农氏是中国古史传说中创造农业的三皇五帝之一。神农也是农神，他并不是一个真实的人物，而是神话传说创造出来的一个神。起初，人们认为神农的贡献主要是发明了农具，教民从事种植业。比如《周易·系辞》中说，神农"斫木为耜 [sì]，揉木为耒 [lěi]，耜耒之利，以教天下"。这里的耜、耒都是古代的农具。再后来，人们干脆把神农与炎帝合二为一。于是，神农的功能被进一步扩大，由农业的创始人扩展成了制陶、农具、祭祀、乐器、医药、饮茶等许多事务的发明者。既然神农发明了农业，在神话传说中，稻作的发明权也就得归属他了。不过神话终究只是神话，我们要搞清中国稻作起源还得需要科学的证据。

图 1-1-4

神农像

（二）考古的证据

图 1-1-5

碳化稻谷

【出土于河姆渡第四文化层】

　　从考古发现来看，在距今大约 1 万年前的湖南地区，当时的中国先民们就已经开始种植水稻。在江西万年地区发现了距今约 1.2 万年的稻作遗迹。考古学家们通过对万年地区的仙人洞与吊桶环遗址出土的植硅石分析得知，在距今 1.7 万年前，就出现了大量的野生稻。碳—14 年代测定的数据表明，吊桶环遗址栽培稻植硅石大约是距今 1.2 万年。因此，这里的人们开始栽培水稻的时间至少在距今 1.2 万年以前，这是目前世界范围内已知最早的稻作农业证据。它的发现可把稻作农业与陶器的起源，以及新石器时代的开始，推到公元前 1 万年以前。由此可见水稻在中国种植的历史之悠久。

图 1-1-6

万年吊桶环遗址

说明 　江西万年仙人洞与吊桶环遗址位于江西大源盆地,其时代在距今2万～1.5万年的旧石器时代末期及距今1.4万～0.9万年的新石器时代早期。20世纪90年代对其进行发掘,出土遗物有625件石器、318件骨器、26件穿孔蚌器、516件原始陶片、20余片人骨和数以万计的兽骨残片,发现了从旧石器时代向新石器时代过渡的清晰的地层关系证据,并找到新石器时代早期的水稻遗存。

　　宋代有个叫蔡京的权臣，有一天，问他的孙子们：你们天天吃米，又是否知道米是从哪里来的呢？这些高官弟子，平时养尊处优，四体不勤，五谷不分，又怎么会知道这个问题的答案呢？他们先后给出：米是从臼子里来的，从席子里来的等答案。回答米从臼子里来的人，看到的是舂米的过程；回答米从席子里来的人，则是看到运送稻谷时的情形。不过他们的答案都是错误的，这惹得蔡京哈哈大笑。

图 1-2-1

米臼子

说明　米臼子，旧时舂米的装置，为石头打制而成。使用时将稻谷盛在其中，用杵舂击使稻谷去壳。

这则故事反映的是宋代权贵子弟不知农业的情况。即便在今天，米已经成为人们每天不可或缺的粮食，但仍然有很多人不知道稻米源自何处，对稻米的认识也相当有限。

图 1-2-2

舂米·汉代画像砖

说明 汉代画像砖中的舂米。该图所用舂米工具叫碓，其前端盛米的装置与臼相类。

认知稻米，我们可以先从感官层面，包括外观、形状、口感、味道等方面去体会，来看看古人对稻米的认识。

（一）米的颜色与形状

明代人宋应星在《天工开物》中说，米的颜色分为雪色、牙黄色、红色、半紫色、杂黑色等。在人们的认识中，白米的质量最好。所以历史上才有"三白"的说法，指盐、萝卜、米饭。苏东坡曾对好友谈及他备考科举的时候，"日享三白，食之甚美"。用东坡自己的话说，他吃的三白是"一撮盐，一碟萝卜，一碗饭"。

图 1-2-3

苏东坡

说明 苏轼，字子瞻，号东坡居士，四川眉州人，北宋时期著名文学家、书法家、画家。

白米又叫白稻，在唐宋文人的诗歌中，我们经常能看到他们对白稻的赞扬。唐代诗人韦庄描写秋季白稻成熟时的情形是："西园夜雨红樱熟，南亩清风白稻肥。"宋代的陆游也说："白稻雨中熟，黄鹂桑下鸣。"

赤米，即红米，是最引人注目的一种稻米。实际上，红米的种类较多，有些红米色较深，呈紫色甚至黑色，这就是我们日常所说的紫米与黑米。有些颜色较浅的称桃花米，还有些红白相杂的米。

图 1-2-4

红米

其实，从品质上讲，红米的质量是比较差的。历史上常常以吃赤米作为一个人生活简朴的表现。比如汉代有个郡守叫第五伦，这个人生活简朴，常以赤米作为自己的薪俸。南朝的时候，齐国有个官员，清心寡欲，好修佛道，常在山中隐居，其间所吃食物，也就是赤米、白盐、绿葵、紫蓼 [liǎo]。

认识了稻米的颜色，我们再来看看稻米的形状。米粒的形状也有千差万别。有的短圆如珠，有的狭长如箭，有的形如獐牙，有的酷似长枪。不过从整体上看，稻米大致可分为长粒与短圆两种类型。

图 1-2-5

长粒大米

（二）稻米之香

图 1-2-6

嘉禾·《钦定授时通考》

说明 古人把一禾两穗、两苗共秀、三苗共穗等生长异常的禾苗称为"嘉禾"。需要注意的是"禾"在古代并非专指水稻，也可指代粟。 人们认为它们是政治清明、天下太平的征兆。如《宋书·符瑞志》记载："嘉禾，五谷之长，王者德盛，则二苗共秀。于周德，三苗共穗；于商德，同本异穟；于夏德，异本同秀。"

稻米的芳香让多少人为之赞叹，尤其是诗人笔下的"稻香"比比皆是。如我们所熟悉的宋代诗人辛弃疾的诗句"稻花香里说丰年，听取蛙声一片"，以及唐代诗人白居易的"何况江头鱼米贱，红鲙黄橙香稻饭"等等。历史上还有一些香味十足的水稻品种，比如三国时期魏文帝曹丕就曾经记载过一种香粳稻。若有风吹稻，五里之外就可闻到它所散发出的香气，这种粳稻就叫"五里香"。还有如"十里香""过山香"等品种。

说完稻米的气味香，我们再来谈谈稻米的口感。香甜、软糯的口感是人们形容大米品质上佳的常用语。所以具有这样特点的稻米自然更受人们的欢迎，诗人杜甫就曾说，"偏劝腹腴愧年少，软炊香饭缘老翁"；陆游也说，"赤米熟炊元自软"。

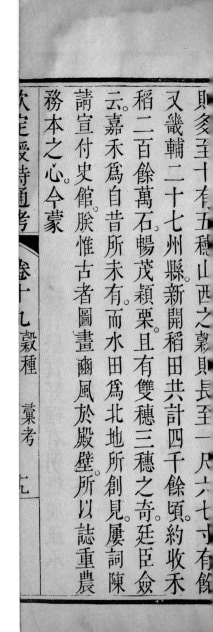

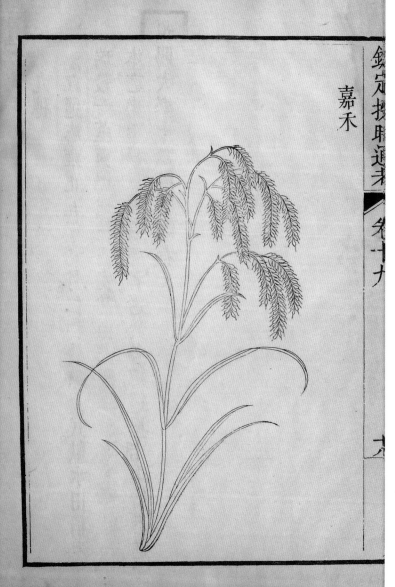

嘉禾

上諭朕念切民依。今歲令各省通行耕耤之禮。爲百姓所

求年穀幸邀

上天垂鑒雨暘時若。中外遠近。俱獲豐登。且各處皆產嘉

禾。以詔嘉薦。而其尤爲罕見者。則京師耤田之穀自獲

（三）粳稻、籼稻与糯稻

目前栽培稻分为普通栽培稻和非洲栽培稻。我国常见的栽培稻属普通栽培稻。普通栽培稻分籼稻与粳稻两个亚种，籼稻与粳稻之下又有糯稻，分别为籼糯与粳糯。下面我们来看看籼稻、粳稻、糯稻的具体差别在哪里。

籼稻：籽粒细长，呈椭圆形或细长形。米粒强度小，耐压性差，加工时易产生碎米，出米率较低，米饭涨性较大，黏性较小。我国的籼稻主要分布在华南热带地区与淮河、秦岭以南亚热带的平川地带。籼稻是由野生稻栽培驯化而来。明代医学家李时珍在《本草纲目·谷一·籼》中说："籼米，气味甘、温、无毒。"人们在日常生活中使用籼米的时候更多，但是却经常把"籼"字误读为"shàn"，其实它的正确发音是"xiān"。

图 1-2-7

籼米

粳稻： 籽粒阔而短，较厚，呈椭圆形或卵圆形。米粒强度大，耐压性能好，加工时不易产生碎米，出米率较高，米饭涨性较小，黏性较大。关于"粳"字的读法，长期以来人们把它读作"jīng"稻，其实这个粳字应读作"gēng"稻。我国的粳稻主要分布在南方的高寒山区、云贵高原及秦岭、淮河以北地区。有一种观点认为，粳稻其实是籼稻由南向北、由低处向高处引种的过程中，因生长环境条件的改变而演变出的一种变异类型。

图 1-2-8

粳米

糯稻: 分为粳糯与籼糯，它们的形状与粳稻、籼稻相似，米粒呈蜡白色，不透明或半透明。糯米饭黏性很大，涨性特别小。正因有此特性，糯米尤其适合用来制作各种糕点，我们日常食用的汤圆、米糕、年糕、糍粑等都是糯米做成。以前在我国的云南、广西、贵州部分地区，人们不但大规模种植糯稻，而且还将其作为主食。尤其是少数民族地区，食糯成为日常的饮食习惯。清代的时候，汉人移民进入这些地区之后，政府也有计划地推行"糯改籼"的运动，以适应汉人的饮食习惯，这些地区糯稻的种植规模则进一步缩小。不过今天这些地区仍在种植糯稻。

图 1-2-9

粳糯米

上文中我们从形状与品质上区分了籼稻、粳稻、糯稻的差别，其实造成这种差异的主要原因是稻米支链淀粉含量的高低。稻米的主要成分是淀粉，若淀粉的分子连接成直线状，稻作学家将其称为直链淀粉；连接成分支状，则称为支链淀粉。支链淀粉的含量越高，米质越黏；含量越低，米质越松散不黏。糯米的支链淀粉含量高达 99% ~ 100%，米质最黏；粳米含 18% 左右的直链淀粉，黏性就比糯米差；籼米含 25% 左右的直链淀粉，黏性更差。

粳米与籼米的品质差别最直接的体现就在口感上，那些吃惯粳米的人很难接受籼米。比如清代道光年间，苏州的本地居民不吃籼米，即便发生灾荒时，政府从外地购买籼米回来以低价售卖，当地人也很少去购买。在广西侗族地区，当地老百姓一直以糯米为主食，即便政府苦心规劝、政策奖励，他们也很少种植籼稻，产出的籼米多拿到市场上售卖或交租，自己却很少食用。不过，18 世纪在广东省，籼米却大受欢迎，因为广东人觉得籼米的米粒更大，价格也相对便宜。由此可见，各地人们对粳米、籼米、糯米的喜好，主要是受长期以来所形成的饮食习惯的影响所致。

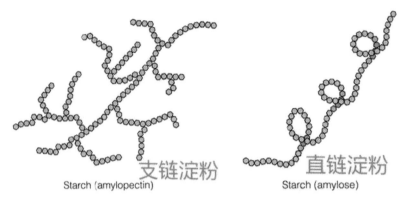

支链淀粉
Starch (amylopectin)

直链淀粉
Starch (amylose)

A starch molecule contains hundreds of glucose molecules in
either occasionally branched chains (amylopectin) or unbranched
chains (amylose).

图 1-2-10

支链淀粉与直链淀粉示意图

　　按照生长期的不同，粳稻、籼稻又可进一步分为早、中、晚三类。通常情况下，早稻的生长期为 90 ~ 120 天，中稻为 120 ~ 150 天，晚稻为 150 ~ 170 天。早、中、晚稻在植物学上并没有明显的区别，这种区分主要是人们为了便于种植安排而做出的。形成这种差别的主要原因是气候条件的不同，特别是日照时间的长短、温度的高低影响水稻形成不同的生态型。于是在生产实践中，我们可以见到这样的情况出现，那就是一种水稻在甲地是早稻，在乙地种植一段时间后就变成了中稻，在丙地种植一段时间后又变成了晚稻。

种稻：稻的种植

就种植方式来看，稻分为水稻与旱稻两类，我们最常见的是水稻。水是种稻的前提。在气候条件满足的情况下，有了水源后，旱地便可发展成水田，进而种植水稻。在播种水稻前，选择合适的稻种是关键。中国古代农民在长期的生产实践经验中，选育出了许多优良的稻种，这些品种能适应中国多样化的环境条件取得较好的收成。

有稻田、稻种之后，在节气到来之时，农民便可播种了。一个完备的水稻种植过程至少包括：播种、移栽、除草、收获四个环节。简单了解这些知识后，我们就会发现农民将一粒种子变成一碗大米饭，是一个相当辛苦的过程。唐代诗人李绅的《锄禾》一诗将这种辛苦描绘得淋漓尽致："锄禾日当午，汗滴禾下土。谁知盘中餐，粒粒皆辛苦。"

图 1-3-1

唐代诗人李绅

说明

李绅（772—846年），字公垂，历任中书侍郎、尚书右仆射、淮南节度使等职，会昌六年（846年）在扬州逝世，年七十四。追赠太尉，谥号"文肃"。

李绅与元稹、白居易交游甚密，为新乐府运动的参与者。著有《乐府新题》二十首，已佚。代表作为《悯农》诗两首。《全唐诗》存其诗四卷。

下面我们就分别介绍一下水稻种植的三个必备要素：**稻田、稻种、种稻**。

（一）稻田

1. 稻田的类型

稻田，顾名思义就是用来种植水稻的田。环境是决定稻田位置的主要因素，比如低处的稻田需要排水，高处的稻田需要蓄水，坡地成田则需开发梯田，旱地成田则要引水灌溉。总之，以水为中心是稻田的主题。元代农学家王祯在《农书》中将田分为：井田、区田、圃田、围田、柜田、架田、梯田、沙田、涂田九类。其中与水稻种植有关的是围田、柜田、架田、梯田、涂田与沙田。这里我们简单介绍一下这些颇具特色的稻田。

围田就是围水造田，在那些土地较少的地区，人们建造堤坝、修筑围岸，围出一块田来种植水稻。围田内部通常设有水门，以控制水量，从而达到旱涝保收的效果。围田的面积往往比较大，宋代的时候，江南地区的围田"每一圩，方数十里，如大城"。那些面积较小的围田，又叫柜田。

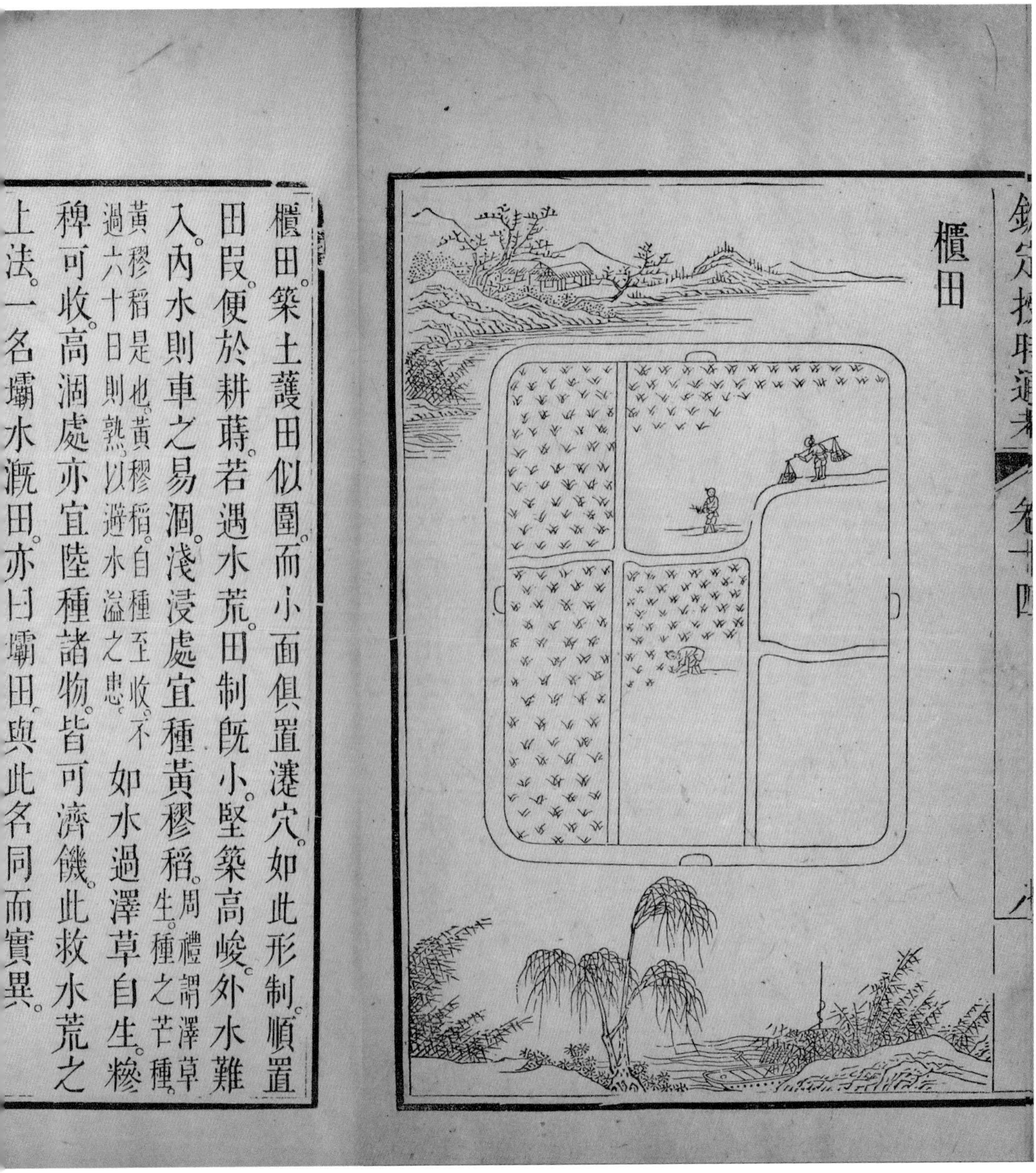

櫃田

櫃田築土護田似圍而小面俱置瀿穴如此形制順置
田段便於耕蒔若遇水荒田制既小堅築高峻外水難
入內水則車之易涸淺浸處宜種黃穋稻周禮謂澤草
所生種之芒種黃穋稻是也黃穋稻自種至收不
過六十日則熟以避水溢之患如水過澤草自生穋
稗可收高涸處亦宜陸種諸物皆可濟饑此救水荒之
上法一名壩水溉田亦曰壩田與此名同而實異

图 1-3-2

柜田·《钦定授时通考》

架田，其实就是在水面上搭建木筏，并在其上筑土成田，种植农作物的田。这种田的最大特点就是可移动。因其漂浮在水面上，又称浮田。比如清代福建彰化县的居民"编架竹木以浮水上，藉草承土而种稻，谓之浮田"。

梯田是古人在开垦山地过程中，为防止水土流失、保持土壤养分，以此实现耕地的可持续利用，依据环境特点而开发的一种土地利用形式。它们往往修筑在坡地上，先修起田坎，再筑平坝土，每块之间呈不规则的弧形半圆形，由下至上，层层相接，犹如梯子一般，故名梯田。宋代有首描绘福建某地农业情况的诗，其中有两句"稻田棋局方，梯山种禾黍"，描写出当时人们在山区开发梯田的情形。

《王祯农书》中说"梯田，谓梯山为田"，是"山多地少之处"常见的土地利用形式。他还说，如果梯田上有水源就可以种植水稻，如果没有水源，也可以种粟（小米）、小麦等旱地作物。

▶

图 1-3-3

梯田·《王祯农书》

梯田

图 1-3-4

云南哈尼梯田

涂田是东南沿海地区的人们利用海水退却之后留下的淤泥进行种植，并在田边开沟蓄积雨水进行灌溉的一种农田形式。沙田则是人们利用河间滩涂、沙洲种植水稻的农田。

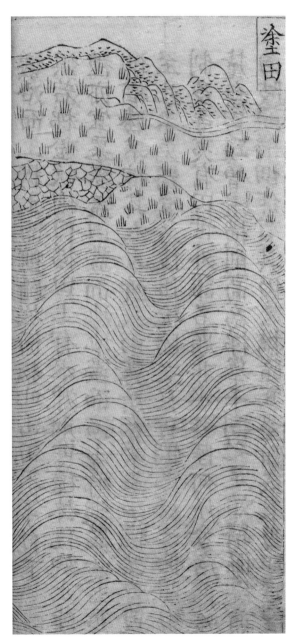

图 1-3-5

涂田·《王祯农书》

说明 元代《王祯农书》记载："沿边海岸筑壁，或树立桩橛，以抵潮泛。田边开沟，以注雨潦，旱则灌溉，谓之'甜水沟'。其稼收比常田利可十倍，民多以为永业。又中土大河之侧，及淮湾水汇之地，与所在陂泽之曲，凡溃污洄互，壅积泥滓，水退皆成淤滩，亦可种艺。秋后泥干地裂，布撒麦种于上。此所谓淤田之效也。夫涂田、淤田，各因潮涨而成，以地法观之，虽若不同，其收获之利，则无异也。"

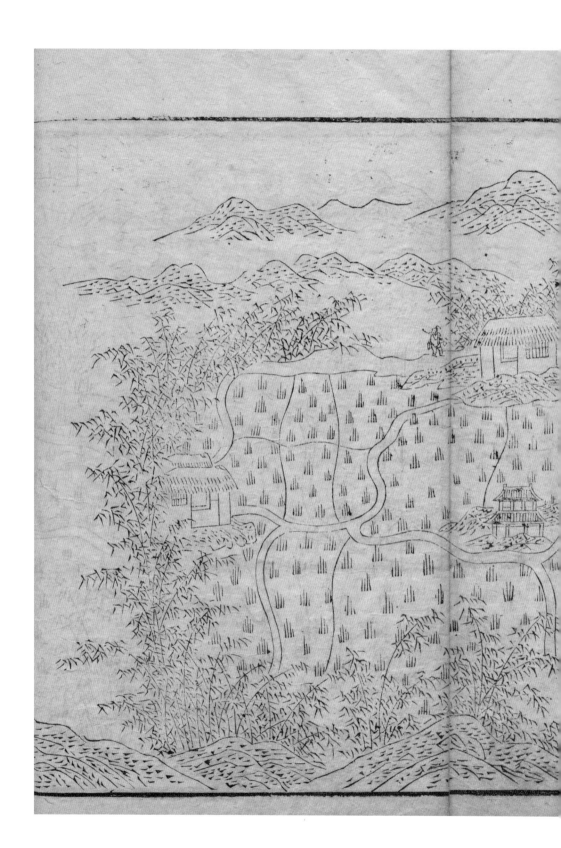

图 1-3-6

沙田·《王祯农书》

说明 沙田，据《王祯农书》中的描述："沙田者，乃江滨出没之地，水激于东，则沙涨于西；水激于西，则沙复涨于东；百姓随沙涨之东西而田焉。"

古代的农民发挥自己的聪明才智，因地制宜，开发出了形式多样的稻田，为水稻在我国的普遍种植奠定了坚实的基础。

2. 稻田耕作制度

稻田耕作制度是指如何在稻田上安排农作物的种植方式和相应的配套耕作管理技术。稻田种植的主要作物是水稻，以水稻为中心的耕作制度从一年中种植的次数上可分为：单季稻、双季稻、三季稻。

单季稻，又叫一季稻，一年之中在同块田中只种植一季水稻，水稻收获之后，稻田种植其他农作物，或者休闲以恢复地力。

双季稻，指一年之中在同一块田中种植两季水稻。根据栽培方式的不同，双季稻又有连作稻、间作稻、再生稻三种形式。

连作稻，又叫翻稻，是指早稻收获之后，立即翻耕整地，再插晚稻。我国连作稻最早起源于东汉时期的珠江流域。东汉《异物志》中提到交趾地区"稻一岁冬夏再种"。唐宋时期，连作双季稻的种植范围扩展到长江流域。福建诗人陈藻有诗描写连作稻的种植情形："早禾收罢晚禾青，再插秧开满眼成。谁道秋分专肃杀，依然四月雨中行。"明清时期，连作稻的种植范围进一步扩张，南方省份有190多个州县均种植过连作双季稻，其中广东、福建、江西三省是双季稻种植最多的地区。

间作稻，又名寄晚、掺稻，就是当早稻生长到一定时候，在行列中插秧晚稻，待早稻收割后，集中追肥晚稻促进生长。间作稻的优势在于可以缩短两季稻的生长时间，为那些不具备种植连作稻的地区，提供了栽培双季稻的可能。我国间作稻的种植历史可追溯至明代，到清代时有较多地区种植。

再生稻，就是利用水稻根茎的再生能力，待其收获后，再收一次，所以它又有一个形象的名字叫稻孙，意思是上一季水稻的子孙。隋唐时期岭南地区就有再生稻了，宋代的时候则更普遍，比如嘉泰《会籍志》中记载，"再熟曰再撩"，诗人范成大有诗句"吴稻即看收再熟"。

3. 稻田里的养殖

稻田里不仅可种水稻，还可以养殖各种动植物，比如养鱼、养鸭、种莲藕、种浮萍等。我们中国人对于稻田进行了充分的利用。

关于稻田养鱼具体起源于何时，目前尚无法定论，不过在陕西、四川出土的一些陶水田模型中，我们可以看到当时的稻田中已经有了鱼的身影。成书于三国时期的《魏武四时食制》记载："郫县子鱼，黄鳞赤尾，出稻田，可以为酱。"意思是说，三国时期，地处成都附近的郫县稻田中出一种小鱼，这种鱼的鱼鳞是黄色的，尾巴是红色的，可以用来做酱。唐代末年有个叫刘恂的人写了一本叫《岭表录异》的书，这本书中就详细记载了广东新兴、罗定地区稻田养鱼的方式。这些地方的人利用荒芜的山田，蓄积雨水，买来鱼子放入田中，等一二年后，鱼儿长大，也把田中的杂草吃干净了。荒芜的稻田变成"熟田"，农民也收获了鱼，这是一举两得的事情。后来，稻田养鱼的方式就在全国各地流行开来。为了养鱼，农民还特意把稻田的田塍加高。民国时期，农业培训机构还专门进行稻田养鱼试验，探索出高效的养鱼技术，并给农民提供技术指导。之后，我国的稻田养鱼事业不断发展，种稻与养鱼已经成为我国稻作文化密不可分的两部分。稻田养鱼利用了稻与鱼的共生性，鱼可以吃掉田中杂草，为水稻生长提供更优的环境，同时水稻田中的各种资源又可为鱼的生长提供必要的食物。所以说，稻与鱼的结合可以节约资源，增加稻田的综合效益。2005年，浙江省青田村的稻田养鱼被联合国粮农组织评选为世界古老而濒危的农业系统，作为世界农业遗产进行保护。青田的稻田养鱼至今已有1200多年的历史，"稻鱼共生，和为一体"是中国传统农耕文化中一个闪耀的点。

图 1-3-7

稻田养鱼

稻田养鸭是中国农民对稻田充分利用的又一例证。中国人很早就认识到稻田养鸭的好处了。在传统农业社会，专业化的鸭子饲养也多采用放养的方式，通常是由放鸭人将鸭子赶出去，任它们自由觅食。稻田的主人为了吸引放鸭人将鸭子赶到自家田中来，还要专门给他们一些赏钱。我国稻田养鸭的历史最早可以追溯至宋代，至今已有上千年的历史。宋代诗人杨万里在《插秧歌》中写道："秧根未牢莳未匝，照看鹅儿与雏鸭。"这两句诗歌说明，在插秧后的初期因为秧苗扎根未深、未牢，就不要将鹅、鸭放入稻田之中。等到秧苗稍微长壮实之后，就可以任鹅、鸭在稻田之中活动。于是，稻田与鸭的和谐共生就成为一道美丽的风景，被诗人们记录下来，比如"上田稻似下田青，乳鸭儿鹅阵阵行"，"睡鸭陂塘水慢流，离离禾稼满平畴"。

图 1-3-8

稻田养鸭

　　不过，稻田养鸭也偶尔会带来纠纷。比如宋代的时候，就有人不满邻居家饲养的鸭子，经常到他家稻田中去觅食，一纸诉状将养鸭的人家告到了县官那里。可这个县官是个没有实际经验的人，判决的结果是让原告加高田塍，多灌点水。这真是让人啼笑皆非的处理方法。

在长期的生产生活实践中，中国人对于稻田养鸭的好处有了更多的认识。广东珠江三角洲的濒海稻田有很多叫蟛蜞的小螃蟹，这种东西专门吃谷芽，对水稻有严重的危害。而鸭子就是蟛蜞的天敌，专门以它为食物。从明朝开始，广东的广州、顺德等地的稻农就利用稻田养鸭的方式来对付蟛蜞。这种方式在广东珠江三角洲地区非常流行，为了对稻田养鸭进行有序管理，当时政府还成立了专门的"鸭埠"。长江流域的一些地区则利用稻田养鸭的方式来防治蝗虫对稻田的侵害。

明清时期中国的稻田养鸭也给当时来华的外国人留下了深刻的印象，比如葡萄牙人加斯帕尔·达·克鲁斯在1569年来到中国游历，之后将他的见闻写成《中国情况介绍：1569》。在书中，他这样描述当时见到的稻田养鸭情形："有一些大船，上面装着一家两口子的全部家当。这种船有很好的舱房，他们的船都带有宽大的边翼，用竹苇编成，跟船身一样长，里面关着两千或三千只鸭子，具体数目根据船的大小而定。有些船是主人的，船上住着他们的仆人。他们是这样放养鸭子的：天亮时给所有的鸭喂一些米饭，但不让它们吃饱。喂完之后，打开一扇门，门口有一座竹苇桥通向河面。鸭子争先恐后地涌出来，因为数量太多而使得有一些鸭子爬到了另一些鸭子的身上，出来后立即占据了一大片水面，这真是一种奇观。从白天直到晚上，鸭子都被放养在稻田里。稻田的主人给放鸭人一些赏钱，因为鸭子吃掉了稻田中的野草，对稻田进行了清除。"

门多萨在《中华大帝国史》中也写道："常常可养到两万多只鸭，但花费很少，法子是这样：每早给鸭喂一点米饭，再打开朝着河流的笼门，放上一道通往水里的竹桥，这时鸭子争先恐后出来，值得一观。

鸭子整天在水里和陆上稻田里度过,在那里觅食。稻田的主人给鸭主一些东西,让鸭子到田里去,因为鸭子除掉田里的杂草野稗,却不损害稻子。"

现代稻田养鸭技术,在全世界许多地方都得到了大力的推广应用,并取得了显著的成效。在日本,稻鸭共生技术于1991年开始流行,仅用了10余年的时间,就从其发源地日本九州地区普及至全国各地,并于1999年秋天被日本农林水产省确定为全日本12项受国家资助的环保型持续型农业技术之一,成立了日本全国合鸭水稻协会。到2001年,日本实施稻鸭共育技术的农户已达1万户。亚洲的韩国、越南、缅甸等国,目前也在大力推广这项技术。

稻田养鱼、养鸭,以水稻为主,兼顾鸭鱼。这一指导思想是根据稻鱼、稻鸭共生理论,利用人工新建的稻鸭、稻鱼共生关系,将原有的稻田生态向更加有利的方向转化,达到水稻增产、鸭鱼丰收的目的。这是土地利用走向立体化和生态化的标志,是我国古代农民的伟大发明创造,对于世界农业可持续发展有着重要的启发意义。

（二）稻种

优良的种子是农作物取得丰收的前提，因此人们历来重视对于良种的收集与培育工作。中国水稻种植历史悠久，通过自然与人工的选择、培育，积累了许多水稻品种。据不完全统计，从古至今我国有文字记载的水稻品种有 3000 多种。

1. 我国历史上的著名稻种

历史上曾出现过一些著名的水稻品种，比如宋代的占城稻、清代的康熙御稻。占城稻原产越南中部地区的占城古国，公元 1011 年的时候，江浙地区遭遇旱灾，皇帝命人从福建地区把占城稻引入长江、淮河、江浙地区进行大规模的推广种植。因为占城稻具有耐寒、早熟、适应环境能力强等优点，尤其适合在高地种植，所以它的引种、推广就促进了梯田的发展与粮食产量的提高，影响深远。还有一个品种叫黄穆 [lù] 稻，它的特点正好可以适应那些低洼地区的稻田种植，预防因水涝造成的灾害，对低地开发做出了贡献。

▶

图 1-3-9

康熙皇帝画像

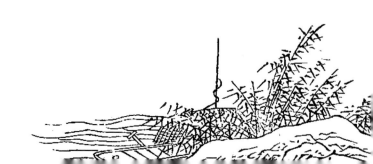

御稻米

聖祖御製幾暇格物編豐澤園中有水田數道布玉田穀
種歲至九月始刈穫登塲一日循行阡陌時方六月下
旬穀穗方穎忽見一科高出眾稻之上實已堅好因收
藏其種待來年驗其成熟之早否明歲六月時此種果
先熟從此生生不已歲取千百四十餘年以來內膳所
進皆此米也其米色微紅而粒長氣香而味腴以其生
自苑田故名御稻米一歲兩種亦能成兩熟口外種稻
至白露以後數天不能成熟惟此種可以白露前收割
故山莊稻田所收每歲避暑用之尚有贏餘曾頒給其
種與江浙督撫織造令民間種之聞兩省頗有此米惜
未廣也南方氣暖其熟必早於北地當夏秋之交麥禾

图 1-3-10

康熙御稻·《钦定授时通考》

康熙御稻是康熙皇帝发现的。据文献记载，有一次康熙外出，视察水稻的成熟情况，当时的多数水稻才刚结实、长出芒来，忽然，他发现了一株水稻"高出众稻之上，实已坚好"。于是，康熙皇帝命人收藏这株水稻，第二年继续种植，以验证它是否早熟。等到第二年六月，此种果然成熟。从此，这种水稻便被年年种植，产米供宫廷食用。此米颜色微红，气香味腴。因为它产自皇家苑田，所以叫"御稻米"。英国生物学家达尔文曾经如此评价康熙御稻："由于这是能够在长城以北生长的唯一品种，因此成为有价值的了。"17 至 18 世纪，它向北传入河北的承德地区，向南传到江南地区，在我国稻作史上曾经发挥过不小的作用。经过历代人的努力，我国的水稻品种不断增加。清乾隆七年（1742）出版的《钦定授时通考》中收录的水稻品种数量就达 3429 种之多。

2. 特色稻种

水稻生长的环境特点各不相同，有的种在平原，有的种在山区，有的种在湖边，有的种在滩涂。不同的生长环境造就水稻不同的生理特性。比如山区种植的水稻经常被野兽、鸟类侵害，于是人们就会选择种植那些有芒的稻种，比如"红芒糯""乌芒糯"，都是稻秆高、谷壳硬且有芒的，野兽吃起来太麻烦了，于是它们多放弃吃这类水稻，种的人自然就多了。还有些水稻品种具有很强的抗逆性，特别耐旱、耐涝。有一种水稻叫"撒天杀"，它的品种特性是稻秆短，极其耐旱。"撒天杀"意为把任何天灾都可以撒下，可见其抗逆性之强。又如有一种适合在低处、河湖滩涂生长的水稻"长水红"，它的"粒最长，积三粒盈寸，极涝不伤"。还一些种性特异的稻，比如乌芒稻，适合在盐碱地种植；铁秆稻、猪鬃等品种稻秆质地坚硬，极其抗倒伏。

3. 我国第一部水稻品种专著——《禾谱》

北宋时期，有一位名叫曾安止的人撰写了我国历史上第一部水稻品种专志，名《禾谱》。全书共五卷，包括稻名篇、稻品篇、种植篇、耘稻篇、粪壤篇、祈报篇等内容。

图 1-3-11

《禾谱》·书影

曾安止（1048—1098），字移忠，号屠龙翁。早年家境贫穷，入不敷出，有时靠典当度日，但其父仍重视对他们兄弟的教育。熙宁六年（1073）曾安止登第，赐以"同学究出身"。熙宁九年再次应试，取得进士出身。初任丰城县主簿，后知彭泽县。其间，他重视发展农业，关心下层人民生活疾苦，为官清廉勤勉，遇事果断；又以孝道教导县民，"故誉蔼然而荐者交彰矣"。后因眼疾严重，弃官还乡。自叹技成无所用，故取号"屠龙翁"。隐退归乡后的曾安止对泰和以及周边各地的农业生产情况进行了广泛而深入的调查，潜心研究水稻栽培，搜集大量有关水稻品种及栽培技术的资料，去世前完成《禾谱》一书。此书详细介绍北宋江南地区 50 多种水稻品种名称、特征、栽培技术和管理方法，是继贾思勰《齐民要术》之后，又一部农业科学著作。后来，《禾谱》全卷轶散不存，但残存部分仍是研究江西乃至全国水稻栽培的珍贵资料。

（三）种稻

水稻种植全部过程包括：整地、下种、移栽、中耕、收获这样几个环节。最初，人们种植水稻的技术还比较原始，可能就只是找一块田，然后直接下种了事，也没有犁地，最多利用原始农具简单翻耕或依靠人力以足践踏，使稻田土壤松软。汉代的时候，江南地区的农业还处于"火耕水耨"的状态；后来，牛耕的应用极大地提高了整地的技术水平。在水稻下种之前，先要翻耕土地，深耕是农学家们所提倡的；翻耕之后，还需将田中的土块耙碎；种植之前还要用牛耖田。这便是我国南方水田的"耕—耙—耖"整地技术体系。

▶

图 1-3-12

耕田·《康熙御制耕织图》

【美国国会图书馆藏】

说明 《康熙御制耕织图》是清代宫廷画家焦秉贞受命绘制。该图共 46 幅，耕图、织图各 23 幅，内容涵盖水稻生产、养蚕丝织的全部技术过程。每幅图均附有七言、五言诗，对图进行诠释说明或发表议论。《康熙御制耕织图》问世后，《胤禛耕织图》、乾隆三朝诗汇刻本《御制耕织图》、嘉庆四朝诗汇刻本《御制耕织图》均以《康熙御制耕织图》为祖本，模仿创作，不断叠加，成为不断完备的汇刻本。汇刻本是清代中期以后民间流行的御制耕织图中最为普及的版本，影响深远。

耕

東皋一犁雨
布穀初催耕
綠野暗春晚
烏犍苦肩頳
我衒勸農字
杖策東郊行
永懷歷山下
往事閱深情

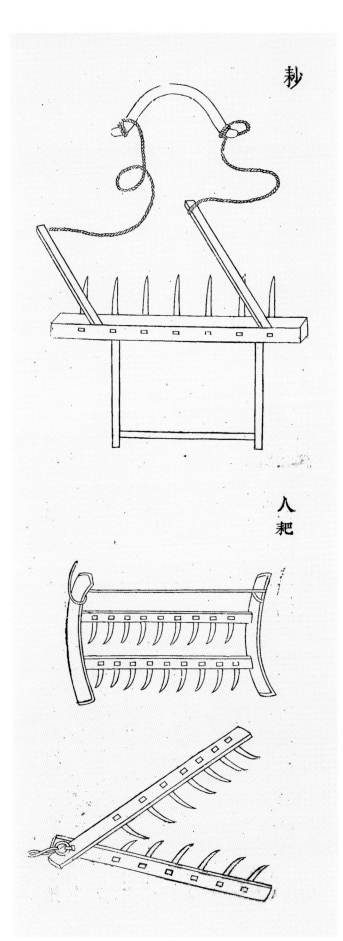

图 1-3-13

"耙"和"耖"·《钦定授时通考》

整地完成之后，就开始下种育秧。在育秧之前，为了提高出秧率，农民通常会先用水浸种、催芽，然后在秧田中培育秧苗。元代农书《农桑辑要》中说："早稻清明前浸种，晚稻谷雨后浸种。" 待秧苗长到一定程度时便可移栽。明代科学家宋应星在《天工开物》中说："秧生三十日，即拔起分栽。"宋代，为了方便从秧田中拔秧，人们发明了一种农具叫秧马，以减轻拔秧的劳动强度。插秧是一件劳动强度大，又需要技术经验的精细活，一般人难以胜任。插秧前，先需将秧苗抛掷田中，然后再插秧，插完后，田中的秧苗呈"井"字形排列。宋代，有位叫楼璹的官员曾绘制了一幅反映农事生活的《耕织图》。他把农事的每个环节均画成一幅图，并配一首诗进行说明。楼璹描写农田插秧的情形是"抛掷不停手，左右无乱行"。插秧时，往往全家齐上阵。宋代诗人杨万里的《插秧歌》就生动地描绘了一幅全家协作插秧的劳动画面："田夫抛秧田妇接，小儿拔秧大儿插。笠是兜鍪蓑是甲，雨从头上湿到胛。唤渠朝餐歇半霎，低头折腰只不答。秧根未牢莳未匝，照管鹅儿与雏鸭。"

图 1-3-14

"浸种"
《康熙御制耕织图》

图 1-3-15

"耙耨"
《康熙御制耕织图》

图 1-3-16

"耖田"
《康熙御制耕织图》

图 1-3-17

"布秧"
《康熙御制耕织图》

图 1-3-18

"拔秧"
《康熙御制耕织图》

图 1-3-19

"插秧"
《康熙御制耕织图》

秧马蘇文忠公序云余過廬陵見宣德郎致仕曾君安

秧馬

图 1-3-20

秧马·《王祯农书》

图 1-3-21

秧马实物

在水稻生长期间，还要进行一系列的田间管理，包括中耕除草、施肥、灌溉、病虫防治等。人们把除草称为耘田。全国各地耘田的次数也有所不同，一般为三次，至少也需要两次。在南方稻区水稻生长期间，农民还会放泄田中积水，让太阳暴晒稻田，以实现稳固水稻根基的目的。之后又车水还田，"还水之后，苗日盛，虽遇旱暵 [hàn]，可保无忧"，人们把这个环节称为"靠田"或"烤田"。

图 1-3-22

"灌溉"·《康熙御制耕织图》

图 1-3-23

"收刈"·《康熙御制耕织图》

待水稻成熟之后，农民就迎来了一年中最喜悦的收获季节。早稻通常在农历八九月收获，晚稻最迟不过十一月。收获时，农民用镰刀将稻根割断，然后运回晾晒，再脱粒储存。古人将稻谷脱粒的过程也称为"持穗"。南宋楼璹所绘《耕织图》中就有"持穗"环节，他还作诗一首，内容如下：

霜时天气佳，风劲木叶脱。

持穗及此时，连枷声乱发。

黄鸡啄遗粒，乌鸟喜聒聒。

归家抖尘埃，夜屋烧榾柮。

图 1-3-24

"登场"·《耕织图》·宋·楼璹

【信州大学图书馆藏】

登場

禾黍已登
場稍覺農
事優黃雲
滿高架白

古代没有脱粒机，农人收获水稻之后，通常用三种方式来把稻谷从稻穗上打下来，分别是手捋、连枷打稻、掼稻。手捋是原始简单的脱离方式，最初是单纯地靠人的双手把稻谷捋下来，后来发明了小禾刀，效率略高。连枷是古代脱粒中最常用到的一种农具。其制作方式通常是用四五根木条以牛皮编在一起，长三尺，阔四寸，在木排的一段制一环轴，然后绑在一长柄上。农民举起连枷，利用木条旋转起来的动能敲打农作物以达到脱粒的目的。宋代诗人范成大有首《秋日田园杂兴》，描写了当时农民使用连枷脱粒的情形："新筑场泥镜面平，家家打稻趁霜晴。笑歌声里轻雷动，一夜连枷响到明。"

图 1-3-25

"打稻"·《钦定授时通考》

掼稻簟

图 1-3-26

"掼稻"·《钦定授时通考》

说明 掼稻，意思是将稻谷抖落下来。元代《王祯农书》中记载了一种
农具叫掼稻簟[diàn]，农民打稻的时候，置木器或石于上，举到把掼
之，子粒随落，积于簟上。其实就是一种垫子。在有些地方稻农会用
一种禾桶，又称拌桶，来打稻。水稻收获时节，农民直接将拌桶带至
稻田中进行脱粒。

食稻：稻米的加工与利用

　　在食用稻米之前，还需将稻谷加工成大米，这通常需要两道工序，先是去其壳成糙米，然后再去除糙米的膜，称碾米。明代科学家宋应星在科学巨著《天工开物》卷四《粹精·攻稻篇》中详细地介绍了水稻加工的全过程。

稻谷去壳用砻[lóng]，去皮用舂、碾。用水碓舂谷，则兼有砻的功用，干燥的稻用碾加工，也可不用砻。砻有两种：一种是木砻，另一种是土砻。稻谷稍湿时，入土砻即碎断。土砻磨米二百石后便不堪用。木砻必由壮劳力使用，土砻则妇女儿童即可胜任。

图 1-4-1

"砻"·《耕织图》·宋·楼璹

【信州大学图书馆藏】

> **说明** 砻这个环节是除去稻壳，又称为砻谷。砻是磨的一种形态，在构造上与磨相同。其制造原理是在基座上放置带有曲柄的磨盘，用连直连杆，接一水平横杆，以两条绳索悬挂此横杆。使用时，以手推动横杆，使磨盘在基座上转动，以达到研磨谷物的目的。

经砻磨脱壳后，稻谷用风车去掉糠秕，再倒入筛中团团转动。在筛选的过程中，那些没有破壳的稻谷浮在面上，然后又重新将它们倒入砻中再砻一次。经筛选过后的稻米，再倒入臼中舂捣。舂米需要把握好一个度的问题，若舂得不足，则米质粗，若舂得过分，则米碎成

图 1-4-2

"簸扬"·《耕织图》·宋·楼璹

粉。精米都是用臼加工出来。吃粮不多的普通人家，用木作手杵，其臼用木或石制，用来舂捣。舂后的稻谷皮膜变粉，名曰细糠。用风车将细糠扬去，除尽皮膜、尘土后，得到的就是精白米了。

图 1-4-3

"舂碓" · 《耕织图》· 宋 · 楼璹

風扇車

图 1-4-4

"风车扬糠"·《钦定授时通考》

宋代的时候，山区或河边的人民还发明了一种利用水力舂米的机械，叫水碓。水碓的引水构件与灌田的筒车相似，在岸上建造一座加工坊，里面安置若干臼。臼的数量视流水的大小而定，水流量大且宽阔的地方，安十多个臼也没有问题。水碓的使用实现了舂米的自动化，节省了人力，提高了加工效率。

图 1-4-5

"水碓"·《钦定授时通考》

稻米的加工过程大致如此。另外在一些地方因为气候时令的关系，还形成了特殊的稻米加工习俗，比如冬舂米、蒸谷米等。

冬舂米是流行于吴中地区的一种农事习俗。秋季稻米收获之后，在江苏吴中地区，每年冬至前后，农民就会将一年所需的稻米舂好储存起来。冬季舂米有两大好处：

其一是农闲时节，农民有时间舂米冬藏；其二是冬天舂米，米粒坚实，耗损较少，而且虫不易蛀。如果留到开春再舂，则米粒松浮，容易疏碎，耗损甚大。因而民间有谚语说"冬舂夏安""舂几天，保一年"。宋代诗人范成大还专门写了一首《冬舂行》，描写了冬舂米的习俗。诗云：

腊中储蓄百事利，第一先舂年计米。

群呼步碓满门庭，运杵成风雷动地。

筛匀箕健无粃穅，百斛只费三日忙。

齐头圆洁箭子长，隔箩耀日雪生光。

土仓瓦瓮分盖藏，不蠹不腐常新香。

去年薄收饭不足，今年顿顿炊白玉。

春耕有种夏有粮，接到明年秋刈熟。

邻叟来观还叹嗟，贫人一饱不可赊。

官租私债纷如麻，有米冬舂能几家。

图 1-4-6

范成大【*南宋 1126 年 - 1193 年*】

字致能，号石湖居士，谥文穆。吴郡（今江苏苏州）人。宋代绍兴二十四年（1154年）中进士。初授司户参军，历官监"和剂局"、检讨、编修、正字、校书郎、处州知州、礼部员外郎、祈请国信使、集英殿修撰、出知静江府、广西经略使、敷文阁待制、四川制置使、礼部尚书、资政殿学士等，官至参知政事，追赠少师、崇国公。

宋代的时候，江南地区的农民为了便于长期储存稻米，还发明了一种叫蒸谷米的技术。

蒸谷米又称半熟米，是指把清理干净后的谷粒先浸泡再汽蒸，待干燥后碾完得到的成品米。相传春秋时期吴越争霸，吴国要越国进献良种，越国大臣文种献计，将种子蒸熟后再送给吴国。吴国人种了越国送来的谷种，却都长不出苗，造成大荒年，民心大乱，越国乘机灭吴。越国臣民大喜，将余下的蒸谷碾米造饭以表庆祝，于是沿袭下蒸谷米的习俗。宋代在四川地区，为了更久地存储稻米，人们将稻米制成"火米"。据宋人陈师道《后山丛谈》卷四记载："蜀稻先蒸而后炒，谓之火米，可以久积，以地润故也。"与杭州的"蒸谷米"相比，火米又多了一道炒制的工序。

稻米最常见的吃法就是做饭、煮粥。人们利用不同的食材，与大米一起做成形式多样的米粥。粥也成为一种最为常见的养生食物。清代有一部叫《养生随笔》的书说："粥能益人，老年尤宜。"可见人们对粥养生价值的认识。此外，米还可以加工成米粉、米线、米糕等各种食物。宋代的时候，南方将米线称为米缆。利用米粉制成的河粉，也是一道特色美食，广东的河粉尤其出名。利用米加工而成的点心，形式就更是多种多样，比如年糕、粽子、汤圆、月饼以及各式点心，都是人们喜欢的食物。

图 1-4-7

舂糍粑、做年糕

稻作文化

　　我国悠久的水稻种植史形成了丰富多彩的稻作文化。从神话传说到语言文字、风俗习惯均与稻作息息相关。在汉字中，以"禾""米"二字为偏旁部首的字不胜枚举，我们常见的糯、秧、秀、粳、糍、粑、糊、糕等都是稻作文化在汉字中的体现。在民间习俗方面，作为中国文化象征的龙，与稻作文化也有密切关系。龙是管理人间降雨的神物，它的形成与水密切相关，而水又是水稻的命脉。所以在一些地方，水稻收获之后人们会用稻草扎成草龙，舞动起来以庆祝丰收。每年端午节的龙舟竞渡、元宵节的舞龙灯等民间习俗，都是稻作文化在节日中的体现。另外，在我国水稻的种植格局中，南方是水稻的主要产区，因而水稻与食米也成为南方人身上的文化特征。历史上许多南方人去到北方之后，因无法吃上质量好的大米，勾起了他们无限的思乡之情。如今，随着交通运输业的发达，虽然全国各地均可吃上大米，但以米为主的饮食习惯仍旧是南方人的生活特色。这便是悠久稻作文化留下的深远影响。

图 1-5-1

耍火龙

水稻作为原产中国的主粮之一，不仅养活了中国众多的人口，对世界也做出了重要贡献。历史上，中国的稻作文化对周边各国产生过巨大影响。2000多年前，生活在长江中下游的吴越人为逃避战乱，渡海前往日本，把水稻种植技术也带了过去，这是日本种植水稻的开始。从事水稻种植的人被称为弥生人，因稻作所发生的文化就叫弥生文化。12—13世纪，日本又从中国引进了"大唐米"，以适应他们围海造田的需求。宋代的时候，中国的旱地育秧技术传入朝鲜。历史上，东南亚的一些国家同样也受到中国稻作文化的影响。东汉的时候，中国的牛耕技术传到越南地区。作为稻作文化象征的铜鼓，在我国的云南、贵州、广西、广东以及越南、老挝、缅甸、泰国直至马来西亚和印度尼西亚都有分布，可见我国西南地区稻作文化的影响范围之广。

至今，中国稻作依旧在不断为世界做贡献。水稻学家袁隆平培育的杂交水稻，每年增产的粮食可解决3500万人的吃饭问题。中国科学家独立研究完成的水稻基因组框架图也具有里程碑意义，对21世纪人类健康和生存具有全球性的影响，是中国对科学与人类的重大贡献。

图 1-5-2

水稻学家袁隆平

PART 2

第二章

粟与中华文明

"五谷"这个说法，自我国先秦时代就有了，在五谷中有一种叫"稷"，也就是粟，它有"百谷之长"的称号。古人视江山为社稷，社指土地之神，而稷则为百谷之神。传说中周代的祖先是农业种植的发明人弃，后来他成为主管农业的官，因而得名后稷。在古代文献中，稷往往被称"首种""首稼"。从这样的称谓我们就可以看出它在谷物中的地位之高。

粟作的起源与演变

　　中华文明是农业文明，从它的形成与发展过程来看，又可以说它是"二米文明"（小米与大米）。中华文明是以小米（粟作）文明为基础，融合了大米（稻作）文明所形成的复合文明。中华文明最早形成于黄河流域，是在粟作农业文化的基础上形成的。

图 2-1-1

生长中的粟

图 2-1-2

粟·《钦定授时通考》

粟类作物，主要包括粟 [sù] 和黍 [shǔ] 两种农作物。粟在北方民间被叫作谷子，脱壳之后就是小米；黍又叫黍子、穈 [mí] 子、黄米。粟与黍都属于我国古代的"五谷"之列。它们的颗粒都非常细小，形态十分相似，是两种十分接近的农作物。

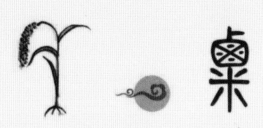

粟，谷子。由卤、由米。《说文》："粟，嘉谷实也"。

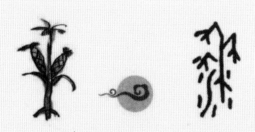

"黍"是象形字。其甲骨文就像黍的形象，金文右边是禾，左边脱落的颗粒代表黍籽粒。小篆把位置做了调整。隶变后楷书写作"黍"。

图 2-1-3

粟与黍字演变形成·任犀然编著《图解汉字》（北京中国华侨出版社 2017 年版）

图 2-1-4

粟与黍的区别

粟中含有丰富的淀粉和少量的植物油，是营养价值较高的粮食作物。它的祖先是狗尾巴草，具有生育期短、适应性广、耐干旱、耐贫瘠、便于储存等特点。

中国是粟的起源地，在全国范围内已经发现了 40 多处远古时代的粟作遗存，分布于河南、山东、山西、辽宁、陕西、甘肃、青海、新疆、内蒙古等省份。考古学的研究表明，粟在距今约 8000 年的时候，已经被人们驯化为栽培作物了。粟的生理特性使它适合在我国北方半干旱地区种植。

图 2-1-5

狗尾巴草

粟是由狗尾巴草驯化而来。粟与狗尾巴草无论是从植株形态还是籽粒外观上都十分相似。狗尾巴草是一种在全世界范围内分布十分广泛的野草。在《诗经》《吕氏春秋》等中国古代历史文献中，狗尾巴草又被称为莠、绿毛莠、狗尾草。《孟子》中说："恶莠恐其乱苗也。"这说明了狗尾巴草与粟的共生关系。20 世纪初期，水稻学专家丁颖通过对我国北方粟作地区普遍分布的野生狗尾巴草的研究，认为粟的原产地在中国。

粟在中国起源之后，是怎么传播的，目前这个问题尚没有明确的结论。不过多数研究表明，粟以黄河流域为中心，西传至新疆地区，东传至吉林、辽宁地区，向西南传到西藏、云南地区，向东南传至东南沿海和台湾地区。至于它在世界范围内传播的路线与进程，仍是一个需要进一步研究的课题。

图 2-1-6

碳化小米

【内蒙古赤峰市敖汉旗东部，兴隆沟聚落遗址】

说明 敖汉旗兴隆沟遗址位于内蒙古赤峰地区，是一处新石器时代早期村落遗址，通过浮选发现了1400余粒碳化小米，其中以碳化黍粒为多。4份碳化黍粒样品被送至中国、加拿大和日本的碳14实验室进行加速器质谱（AMS）测年，结果完全一致，校正年代为距今7670—7610年。这是目前欧亚大陆上所发现的具有直接测年数据的最早的小米遗存，"对7000年前的西亚是黍的起源地的学术观点产生了颠覆性的革新"（王巍：《文化交流促进中华文明形成》，《光明日报》2016年9月17日）。

在新石器时代前中期，粟在中国的种植范围并不是很广，主要分布在黄河中下游的河北、河南、山东，以及西辽河流域的内蒙古赤峰地区。到了新石器时代晚期（前5000—前3500年），粟作农业分布范围更加广泛，在西至新疆、青海，东到台湾高雄，南至云南大理，北达山西、河北这个范围内都出现了粟作农业的痕迹。当时的社会还有用粟来陪葬的习俗，可见粟已经成为人们重要的粮食作物。

殷商时期，粟是栽培最广、产量最大的粮食作物，当时的人不但将黍粟一起作为主粮，还利用它们来酿酒。春秋战国时期，中国粮食作物的结构发生了重大变化，在北方的黄河流域，大豆跻身主粮之列，成为与粟并列的主粮作物，麦类作物的种植也得到快速发展，黍的地位则相对下降了。这种变化最直接的表现就是在当时的文献中很少看到黍稷并称的现象，取而代之的是菽粟连用。比如《晏子春秋》中说："菽粟藏深，而积怨于百姓。"《孟子》中也说："菽粟如水火。"《墨子》中说："是以菽粟多，而民足乎食。"在这一时期的粮食作物结构中，虽然菽粟并重，但是占据首要地位的是粟。因此，此时人们又称其为"首种""首稼"。

秦汉时期，粟作为"五谷之长"的地位得到了进一步强化。秦朝主管农业的官员叫"治粟内史"，西汉时期又叫"搜粟都尉"。由此可见粟对于国家粮食安全的重要性。当时政府十分重视粟的生产，推行了一系列的政策，鼓励民间发展粟作农业生产，就连这时候"卖官鬻爵"的行为，也是以粟作为筹码，比如"入粟授爵"制。简单地讲，这是西汉朝廷为了尽快恢复农业生产的一种制度，即可以通过向国家缴纳一定量的粟而获得官爵。粟的种植范围也进一步扩大，尤其是南方地区，蜀汉、江苏、两湖、广西等地均在开荒种粟。

魏晋时期，粟仍然是北方最主要的粮食作物。北魏农学家贾思勰所著《齐民要术·种谷篇》中说："谷，稷也，名粟。谷者，五谷之总名，非止谓粟也。然而今人专以稷为谷，望俗名之耳。"北方的人们把粟称为谷子，但是贾思勰纠正说，其实谷这个名字并不应该专指粟，而是五谷的总称。由此可见当时粟在社会生活中的重要地位。当时中国的传统农业布局又出现了一些新情况，由于战乱的影响，北方地区出现大量的抛荒土地，北魏迁都之后重视恢复农业生产，鼓励开荒，黍、稷作为开荒种植的主要作物，种植面积扩展，产量也有所提高。小麦自汉代推广以来，到此时已经成为仅次于粟的粮食作物。不过就南北方整体来看，粟的种植范围还是在进一步扩大，主要是因为永嘉之乱以后，大量北方移民南迁促进了粟在南方地区的种植。

图 2-1-7

北魏农学家贾思勰塑像

说明 贾思勰，北魏益都（今属山东寿光）人，生平不详，曾任高阳郡（治高阳，今属山东临淄）太守，是中国古代杰出的农学家。贾思勰所著农书《齐民要术》，系统地总结了秦汉以来我国黄河流域的农业科学技术知识，其取材布局，为后世的农学著作提供了可以遵循的依据。该书不仅是我国现存最早和最完善的农学名著，也是世界农学史上最早的名著之一。该著作由耕田、谷物、蔬菜、果树、树木、畜产、酿造、外国物产等章构成，是我国现存最早、最完整的大型农业百科全书，对后世的农业生产有着深远的影响。

隋唐时期是我国粟作史上的一个转折点。在北方黄河流域的农业生产中，粟作仍旧占据着重要地位。唐朝初年，政府推行的租庸调制规定各地地租与交纳义仓的粮食都必须是粟，若"乡土无粟"方准许"纳杂种充"，可见粟还是被当作主粮看待。同时，在北方的西域地区，粟的种植面积逐渐增多。在南方地区依旧种植粟，不过随着江南地区土地的大面积开发，水稻种植开始兴盛，粟在南方的推广遇到了更大的阻力。唐代诗人孟浩然《过故人庄》：

　　故人具鸡黍，邀我至田家。

　　绿树村边合，青山郭外斜。

　　开轩面场圃，把酒话桑麻。

　　待到重阳日，还来就菊花。

　　这首诗将鸡与粟作为农家招待客人的重要饮食，足见粟在当时人们饮食结构中的地位之重要了。

宋元时期，水稻、小麦已经取代粟成为主要粮食作物，不过，粟本身较强的抗逆性，比如耐旱、耐瘠、稳产与保收等特点，都是小麦、水稻不具备的优势，因而在山区新辟之地，粟仍是重要的粮食作物，比如南宋时期的湖南沅江、湘江流域山区"农家惟种粟"。

　　明清时期，随着人口的急剧增加，高产作物被广泛种植，产量相对较低的作物则退居次要地位。水稻、小麦成为全国粮食作物的大宗，所占比例甚高。据明代科学家宋应星估计，水稻、小麦两种作物的产量占到全国粮食总产量的七成以上。即便如此，传统粟作农业地区仍然在种植粟，粟在当时的粮食结构中仍有较高的比例。

　　纵观我国粟作的发展历史，我们可以看到，唐宋以前，粟一直是中国北方人民的主食，因此奠定了它在粮食作物中的地位，官方的田赋征收都是以粟为标准。宋代以后，由于水稻地位的提高，粟在主食中的地位才退居其后。但是在古代，粟始终居于"五谷"之列。

　　粟是我国北方的主要粮食作物，在向南方扩展的过程中，遇到水稻的顽强抵抗，于是人们只能将它种植在山区旱地。而在南方除水稻之外，别的粮食作物种类也很多，比如芋头、木薯、薏苡、菰米、豆类等等，因此粟也只得与它们并列跻身于"杂粮"之类。今天我们讲的"五谷杂粮"中的杂粮就包括粟。

在我国粟作发展史上，关于粟的主要称呼也有一个演变的过程。何红中在《中国古代粟作史》中为我们梳理清楚了粟名称的变化。商周时期人们将粟称为稷，到战国时期这种叫法就不常用了，至西汉时期则逐渐隐去。"禾"字原本是粟的象形字，后来引申为谷物的总名，不过在战国秦汉时期，禾主要还是用来称呼粟，宋代以后，南方地区禾多专指水稻。"谷"最初被用作谷物的总名，比如"五谷""百谷""谷物"等，而且这种叫法沿用至今。大约在西汉的时候人们已经用谷来作为粟的专称，魏晋以后北方地区人们说的谷子普遍指的是粟。

图 2-2-1

"禾"字的甲骨文写法

"粟"字的本意是指谷子的籽实，战国秦汉时泛指谷类籽实，魏晋以后则演化成专指谷子，唐代以后在有些地方，粟还可以用来指代水稻。

瑞穀

图 2-2-2

瑞谷·《钦定授时通考》

种粟：粟的栽培

"春种一粒粟，秋收万颗子"，唐代诗人李绅用如此简单的两句诗，概括出粟种植与收获的时节。与水稻一样，粟的栽培至少也需要整地、播种、田间管理、收获这四个环节。

粟是旱作，种植在旱地之中，抗旱性强是它最大的特点，所以北方干旱地区的农民通常会将它作为主要的粮食作物来种植。古代的北方农民很早就认识到，在北方种植农作物必须要做到"深耕""熟耘"，才能保证好的收成。"深耕""熟耘"就是指犁地要深，除草要勤，这样做的目的是为了保墒抗旱。

农民把土地深耕、耙平，再将较大的土块磨碎、压平，之后就可以播种了。这样对土地多次耕耙，做到精细化管理，可以最大限度地提高粟的产量。民间农谚："耕三耙四锄五遍，八米二糠再没变"，说的就是这个道理。

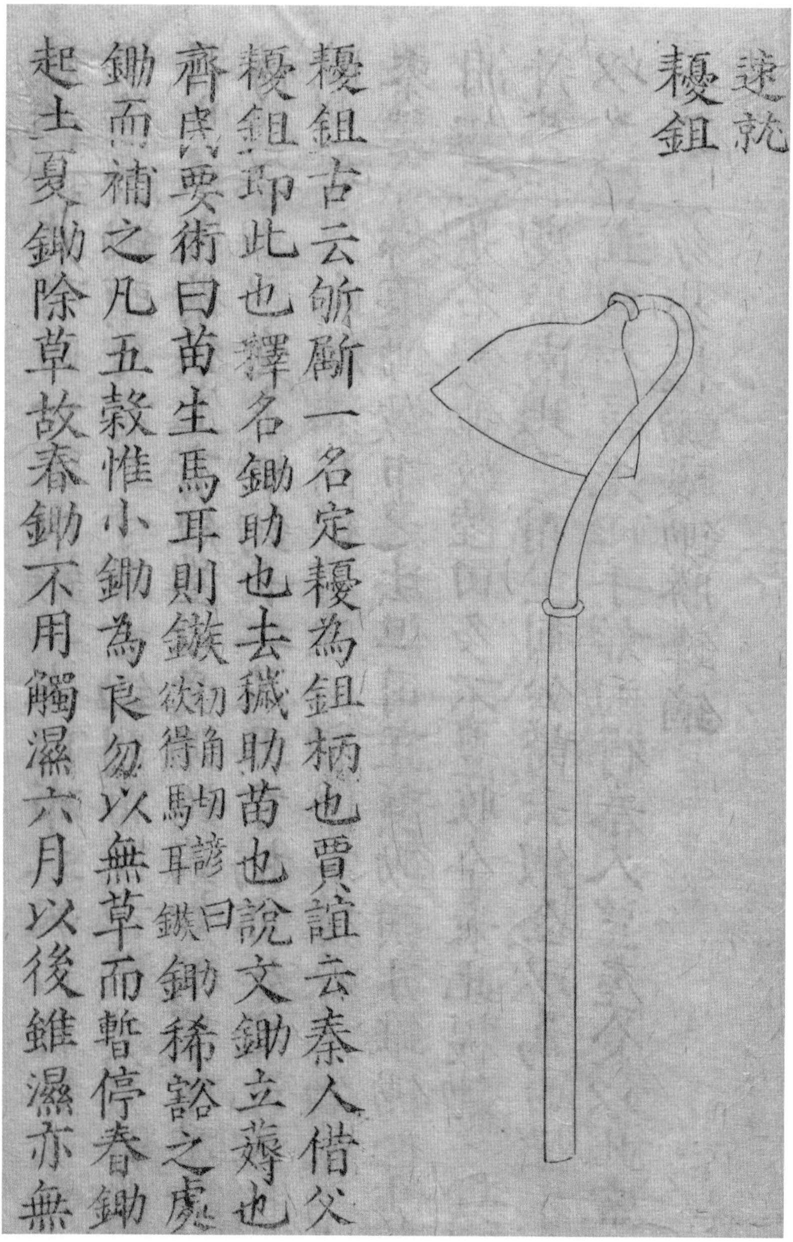

速就

耰鉏

耰鉏古云斫斸一名定耰為鉏柄也賈誼云秦人借父耰鉏即此也釋名鋤助也去穢助苗也說文鋤立薅也齊民要術曰苗生馬耳則鏃初角切諺曰欲得馬耳鏃鋤稀豁之處鋤而補之凡五穀惟小鋤為良勿以無草而暫停春鋤起土夏鋤除草故春鋤不用觸濕六月以後雖濕亦無

图 2-3-1

耰锄·《王祯农书》

下种之前，农民还会给土地施一遍肥料，农家肥（主要成分是动物粪便、杂草等的混合物）是最好的肥料来源，我们把这个技术环节叫"垫底"。在农业生产活动中，优良的种子是成功的关键。秦汉时人们已经认识到这点，当时的人说："田者择种而种之，丰年必得粟。"那些颗粒饱满、成熟率高、成熟早的种子是最佳的选择。

《孟子》说："不违农时，谷不可胜食。"这里的"谷"指的就是小米。古代粟的播种期通常都在阴历二、三月份，晚一点也不过三、四月份。"春种"的粟较早，"夏播"的粟稍迟。

图 2-3-2

成熟的粟

播种完成之后，在粟的生长期间，农民还需要进行必要的田间管理。这主要包括间苗、补苗、除草、施肥、灌溉、防病虫害等。在长期的种植实践中，农民总结出了一套科学的田间管理技术。西周的时候，人们就十分重视给粟田除草，后来北魏《齐民要术》提倡"锄不厌数"，就是说除草的数次越多越好。在除草的时候，农民还要注意间苗与补苗。《齐民要术·种谷篇》说，"苗生如马耳朵，则镞锄"，意思是当粟米长出的两片叶子像马耳朵的时候，就要进行一次除草了。除草的同时，要把那些多余的谷苗拔去，补到那些未生或稀疏的地方，这个技术环节叫间苗与补苗。

粟虽是旱作，但适当的灌溉也有利于作物的生长。清代农书《马首农言》中就说"伏里无雨，谷里无米""麦浇小，谷浇老"。病虫害的防治也十分重要。危害作物的害虫很多，古人根据害虫危害作物的部位，将它们分成四类："食心曰螟，食叶曰螣，食根曰蟊，食节曰贼。"为了对付这些害虫，人们发明了烟熏、水冻、生物防虫以及人工捕捉等方法。公元 2 年，山东青州爆发蝗灾，政府派遣专人负责捕蝗工作。唐玄宗时，河北、河南地区发生蝗灾，宰相姚崇组织专人捕蝗，取得了很好的效果。

图 2-3-3

姚崇像

说明 姚崇（651-721 年），原名元崇，字元之，唐代陕州硖石人，唐朝前期名臣，杰出的政治家。曾任武则天、睿宗、玄宗三朝宰相兼兵部尚书，并多次出任地方长官。

成熟后的粟就该收获了。收割粟不宜过晚，需趁天晴及时收割，然后运回晾晒，待晒干之后脱粒储存。古代农民收割粟的时候，主要使用镰刀、铚、艾、粟鏊这几种工具。元代《王祯农书》中对它们有图文并茂的介绍。

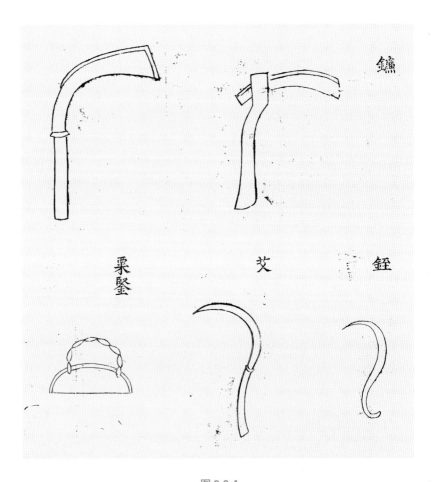

图 2-3-4

镰、铚、艾、粟鏊·《王祯农书》

> **说明** 这四种收割工具，粟鏊比较特别，收获时候，农民将它戴在食指上收割粟穗。收割、脱粒完毕，接下来就该储藏了。

粟的储藏、加工与利用

　　粟的特性使它成为较易储藏的粮食作物之一。在温度、湿度适宜，通风条件良好的情况下，粟可存储多年不坏。元代农学家王祯说："五谷之中，唯有粟最易存储，可经久不坏。"

　　《管子·牧民篇》中说，"仓廪实而知礼节，衣食足而知荣辱"，意思就是说人们只有吃饱穿暖之后才有文明礼貌的观念。这句话中的"仓"与"廪"其实就是存储粮食的地方。清代农书《马首农言·农器》中说："仓，谷藏也，有屋曰廪。"数量多的粮食需要大型粮仓存储，普通农家利用自家的地窖或别的器物存储粟即可。

　　仓储的做法可能起源于原始社会晚期。考古发现在山西襄汾龙山文化遗址中就有木制的仓形器皿，《孟子》中也说，舜的时候就有"仓廪"了。到商代的时候，甲骨文中已经出现了仓、廪二字。古代，人们在地面储藏粮食的方式主要有三种：仓、廪、庾。它们的区别在于所藏粮食类型的不同。仓是在屋内藏粟，如《周礼·地官》记载："仓人掌粟入之藏。"廪是敞屋藏麦穗，如《毛传》说："廪所以藏粢盛之穗也。"庾是露地堆谷的地方。

图 2-4-1

仓·《王祯农书》

倉

捌柒陸伍肆叁貳壹

窖藏是古人储藏粟谷最早的方式之一。原始社会时期，人们便开始利用地窖储藏粮食，这点在发掘的考古遗址中得到了证实，比如西安半坡遗址中就发现了大量的粮窖。之后，窖藏法一直是人们储藏粟的方式之一，隋代著名的粮仓洛阳含嘉仓，就是由一大群地窖组成的地下粮仓。王祯说窖藏的好处是"既无风雨雀鼠之耗，又无水、火、盗贼之虑"。明代人王象晋在《群芳谱·谷谱·积谷》中说："北方水土深厚，窖地而藏，可数十年不坏。"由此可见，窖藏在储藏粟谷方面的优势。

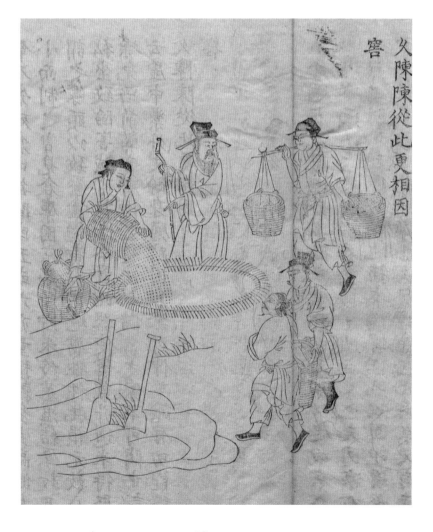

图 2-4-2

窖·《王祯农书》

图 2-4-3

窦·《钦定授时通考》

粟的加工方式比较简单，脱粒之后去壳、筛糠，最终就可以得到小米了。原始社会人们利用石磨盘、石磨棒去壳，后来又有了杵臼、碓和碾。这里我们重点介绍一下碾。

图 2-4-4

裴李岗文化时期的石磨盘与石磨棒 · 约公元前 6000 年～前 5000 年

在民间，人们又把碾称为碾子，碾可分为石碾、水碾、海青碾。《王祯农书·农器图谱》中对于石碾的结构有比较详细的解释："以砺石瓷为圆槽，周或数丈，高逾二尺，中央作台，植一榫轴，上穿干木，贯以石陀。"

图 2-4-5

石碾

图 2-4-6

石碾 · 《王祯农书》

粟（小米）的营养价值极高，富含蛋白质、脂肪，以及钙、磷、铁、胡萝卜素等多种微量元素。人们在日常生活中，对小米的吃法主要有焖饭、煮粥，以及制作各种干粮，也可用来酿酒。煮小米粥的时候，人们还会加入一些菜、肉等，以增加营养、提高口感。这样煮出来的粥有一个特别的名字叫糁 [sǎn]。

小米还常被制成干粮，以便人们外出旅行或者作为军粮食用。小米干粮的做法有几种，比如可把熟的小米干饭直接晒干，或将小米炒熟制成炒米干粮，还可将磨成面的小米面做成炒面。总之，小米的吃法多种多样。

　　我国悠久的粟作史形成了丰富的粟文化。在古代社会中，粟的多少是财富多寡的象征。那些富商巨贾拥粟万石以上。西汉初年，政府为扶持农业发展，颁布"贵粟"政策，提高粟的价格来鼓励农民发展农业生产，以实现富国强兵的目的。

　　粟的重要性在古代诗歌中也有大量体现，比如唐代李绅那脍炙人口的诗歌《悯农》："春种一粒粟，秋收万颗子。四海无闲田，农夫犹饿死。"因为粟是金黄色的，所以古代的诗人们常用"金粟"这个词来指代桂花、灯花、烛花等。比如宋代诗人范成大写桂花盛开的情形时就说："金粟枝头一夜开，故应全得小诗催。"粟文化还渗透到算术、文字等领域，表示粟植株的汉字"禾"，构成了许多谷类作物汉字的共同偏旁，在清代的《康熙字典》中，以禾为偏旁的字有448个之多。

　　中华文明因粟作文明而兴起，粟作本身也因中华文明的兴盛而影响世界。3000多年前，粟就已经从中国北方的黄河流域传到了朝鲜半岛。日本在水稻传入之前，主要种植的粮食作物也是粟；和日本一样，东南亚岛屿在水稻未引入之前已先种植粟。东南亚的粟作农业可能也是受到我国西南地区的影响。

　　自从粟被人类驯化以来，它以顽强的生命力适应了各种恶劣的自然环境条件，养活了大量的人口，并成为中华文明的基础。今天，即便水稻、小麦是人们餐桌上的主食，在有些地区，人们对于小米还情有独钟。在我国西北地区，每天一碗小米粥是人们必不可少的饮食；台湾某些地区的居民仍然把小米视为祭祀祖先的必备品。

第二章　PART 3

大豆栽培

"菽麦不辨"这个成语出自先秦时期左丘明所著《左传》一书中，原文是"周子有兄而无慧，不能辨菽麦，故不可立"。意思是说，周子这个人的哥哥智商比较低，连菽、麦这两种农作物都不能辨别。麦是指小麦，菽就是大豆。这两种作物都是常见的农作物，位于"五谷"之列，从形态上很容易区分。

大豆的起源与发展

（一）大豆的样子

　　大豆是一年生草本植物，植株多直立，有分枝，株高大多在0.4 ~ 1.3m 之间，刚长出的大豆叶子只有一片，随后就会慢慢长出三四片叶子，大豆秆、叶、荚上有许多茸毛，花的形状像蝴蝶，生长在叶腋间或顶部。大豆的花簇一般有十几朵至三十几朵，它是典型的自花授粉作物。大豆的果实是其荚果，每个豆荚有 1 ~ 4 粒种子。当豆成熟的时候，豆荚会崩开，大豆种子就从豆荚中脱离出来了。

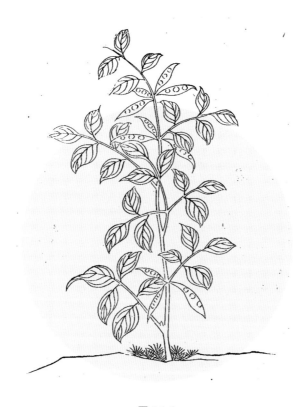

图 3-1-1

大豆·《钦定授时通考》

图 3-1-2

大豆幼苗

我们日常中所说的大豆其实就是大豆的种子。大豆富含丰富的蛋白质、脂肪、碳水化合物等营养物质。大豆根据颜色与形状，又可以分为五类：黄大豆、青大豆、黑大豆、其他大豆（种皮为褐色、棕色、赤色等单一颜色的大豆）、饲料豆（一般籽粒较小，呈扁长椭圆形，两片子叶上有凹陷圆点，种皮略有光泽或无光泽）。黑色的叫乌豆，可以入药，也可以充饥，还可以做成豆豉；黄色的可以做成豆腐，也可以榨油或做成豆瓣酱；其他颜色的都可以炒熟食用。

▶

图 3-1-3

黄豆和绿豆 ·《钦定授时通考》

　　黄大豆：大豆中种植最广泛的品种。黄大豆最常用来做各种豆制品、酿造酱油和提取蛋白质。豆渣或磨成粗粉，也常用于禽畜饲料。

　　青大豆：它是种皮为青绿色的大豆。按其子叶的颜色，又可分为青皮青仁大豆和绿皮黄仁大豆两种。青大豆富含不饱和脂肪酸和大豆磷脂、皂角苷、蛋白酶抑制剂、异黄酮、钼、硒等抗癌成分，还富含蛋白质和纤维，它也是人体摄取维生素 A、维生素 C、、维生素 K，以及维生素 B 的主要食物来源之一。

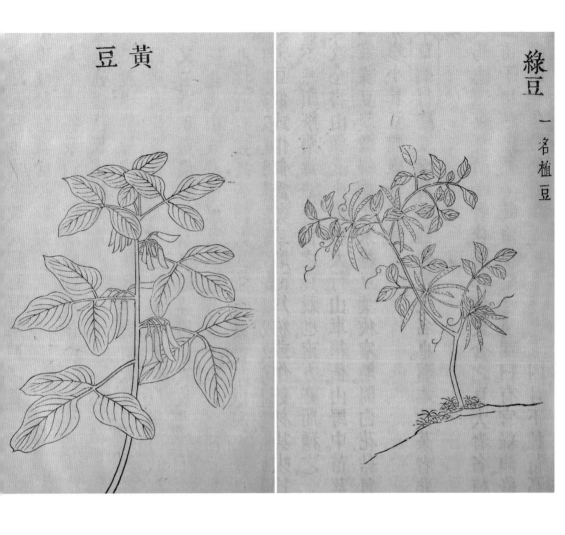

豆黃

緑豆
一名植豆

黑大豆： 豆科植物大豆的黑色种子，又名橹豆、黑豆等。味甘性平。黑大豆具有高蛋白、低热量的特性，外皮黑，里面为黄色或绿色。

饲料豆： 一般籽粒较小，呈扁长椭圆形，两片叶子上有凹陷圆点，种皮略有光泽或无光泽。

其他大豆： 种皮为褐色、棕色、赤色等单一颜色的大豆。

（二）中国大豆栽培史

大豆是原产中国的农作物之一，在古代文献中被称为"菽"。《诗经》中就有"中原有菽，庶民采之"等句子。它不仅是一种主要的食用油料作物，也是植物蛋白质的重要来源。

在距今 9000 至 7000 年前后，裴李岗文化时代的先民就已经开始利用野生大豆属植物。到距今 5000 至 4000 年左右的龙山时代，大豆已出现较为明显的驯化特征，野生大豆已成为人们日常生活中重要的采集作物。夏商以后，大豆种子的尺寸明显增加，这一驯化过程一直延续到汉代。

自春秋开始，大豆已经逐渐成为人们生活中的主要食物，它与小米并称为"菽粟"。《管子》中说，"菽粟不足，末生不禁，民必有饥饿之色"，《战国策》中也说，"民之所食，大抵豆饭藿羹"，可见大豆在当时人们生活中的重要地位。

图 3-1-4

豆荚

到了汉代，大豆的种植规模和产量有大幅提升。从公元前1世纪成书的《氾胜之书》来看，当时大豆已经在中国广泛栽培，洛阳等地汉墓出土的陶仓上还写有"大豆万石"的字样。也是在汉代，相传淮南王刘安发明了豆腐。刘安是汉高祖刘邦的孙子，被分封在淮南，所以叫淮南王。刘安这个人特别喜欢方术，他曾召集大批方士炼制长生不老的药物，因此积累了一些化学知识。这些人改进民间流行的豆腐制作技术，最后成功地制出洁白、细嫩的豆腐。豆腐的发明是我国劳动人民在大豆栽培与利用方面的又一项重要创造。不过，豆腐发明之后，以前作为主食的大豆在"五谷"中的位置，也在悄然发生变化。尤其是小麦被引入与推广、水稻种植规模扩张之后，大豆在"五谷"中的地位逐渐下降。

图 3-1-5

淮南王刘安塑像
公元前 179 年～公元前 122 年

说明 刘安，汉高祖刘邦之孙，淮南王刘长之子，承袭王爵。西汉思想家、文学家。与门客编著《淮南子》（又名《淮南鸿烈》），是集黄老学说之大成的著作，内容保罗万象。

三国到宋元时期，我国的大豆栽培技术系统逐步完善，关于大豆的品种、轮作、栽培技术都有很大的提高。《齐民要术》中记载建宁地区有大豆种，名黄落豆、御豆。当时的大豆已有黑、白两种，还有一些独特的名字，比如长稍、牛踏。明清时，大豆的种类更加多样，种植大豆的技术更加完善，人们对于大豆如何留种、怎样施肥，以及田间管理的细节均有记载。不过在水稻、小麦的冲击下，大豆已不在主粮之列。17 世纪，明代科学家宋应星在他的科学著作《天工开物》中说："今天下育民者，稻居什七，而来牟、黍、稷居什三，麻、菽二者，功用已全入蔬饵膏馔之中。"这段话的意思是说，当时人们的主食当中稻米占 70%，小麦、黄米、小米加起来占 30%，而麻与大豆被归为蔬菜之列，成为副食。

民国时期，中国的大豆生产进入了科学的培育与发展时期。1913年，吉林公主岭建立农事试验场，开始收集大豆品种，进行良种选育。1923 年，金陵大学的王绶教授育成大豆良种金大 332 号。1932 年，杨国藩在《大豆的栽培与改良》一书中，从皮色、粒体、粒形、脐色四个方面对大豆进行了科学的分类，将其分成 135 种。这些仅是这一时期对大豆进行改良的一个代表。正是有了这些工作，20 世纪 30 年代，中国的大豆生产水平达到历史最高，1936 年中国的大豆产量达到1130 万吨。

除了食用外，大豆的另一个重要用途就是榨油。隋唐时期，人们就越来越多地利用大豆榨油。宋代，大豆已经成为重要的油料作物。如今东北大豆成为我国大豆生产中一张响亮的名片，这与历史上东北大豆的兴盛密切相关。清代以来，大批内地移民来到东北这块黑土地上，这就是人口史上所说的"闯关东"。移民进入东北带去了先进的农业技术，又进一步促进了东北地区大豆种植业的发展。

"饮食园圃中的美玉"——豆腐

图 3-2-1

豆腐

豆腐是中国人的又一项伟大发明。宋代哲学家朱熹（1130—1200年）曾写过八首素食诗，其中有一首是关于豆腐的："种豆豆苗稀，力竭心已腐。早知淮南术，安坐获泉布。"诗中的"淮南术"，指的就是汉代淮南王刘安发明的豆腐制作技术。

图 3-2-2

朱熹

【*南宋 1130年10月18日-1200年4月23日*】

字元晦，又字仲晦，号晦庵，晚称晦翁，谥文，世称朱文公。祖籍徽州府婺源县（今江西省婺源），出生于南剑州尤溪（今属福建省尤溪县）。宋朝著名的理学家、思想家、哲学家、教育家、诗人，闽学派的代表人物，儒学集大成者，世尊称为朱子。朱熹的理学思想对元、明、清三朝影响很大，成为三朝的官方哲学，是中国教育史上继孔子后的又一人。

豆腐发明之后，由于制作技术尚不完全成熟，并没有得到大规模推广。到唐末五代的时候，豆腐在民间流行开来。五代的时候有个叫陶谷的人写了一本名叫《清异录》的书，书中记载安徽淮南青阳县县官，工作勤勉，廉洁自律，平时连肉都舍不得吃，每天只吃几个豆腐。因为较高的营养价值，当地人把豆腐称为"小宰羊"。

北宋时，豆腐已成为受老百姓欢迎的日常食物之一。人们以豆腐为基础，开发诸如豆腐干、豆腐皮、酱豆腐等形式多样的豆制品。比如宋代的赞宁和尚说，"豆油煎豆腐有味"；陈达叟说，豆腐可以切条，煮熟后蘸以五味。陆游在《老学庵笔记》中记录了蜜制豆腐、面筋等物。当时在杭州还流行血藏豆腐等美食。大文豪苏轼被贬黄州时还发明了一道菜，名叫"东坡豆腐"，后来这道菜成为川菜中的一道经典。豆腐以其丰富的营养价值与多样的做法，成为各阶层人们喜欢的食物。宋代以

后豆腐进入宫廷菜肴中。有些皇帝与豆腐还结下不解之缘,据说明太祖朱元璋年轻的时候卖过豆腐。清代宫廷中流行一道御膳,叫"八宝豆腐"。

下图是豆腐的制作流程。先将大豆浸泡,待其充分吸水后,用石磨磨成豆浆,豆浆是非常营养的饮品,加糖后直接饮用,美味可口,富含蛋白质。

将磨完的豆浆倒入锅中煮沸,然后过滤,之后点卤,点过卤水的豆浆会逐渐凝固成豆花状,将豆花从锅中舀起倒入模具中镇压成型后,豆腐即成。

时至今日,豆腐依然是百姓餐桌上一道重要食材,以它而产生的各种菜肴多达400余种,我们所熟知的麻婆豆腐、五香豆腐、文思豆腐、千叶豆腐等等,都是其中的代表。

图 3-2-3

豆腐的制作流程图

缺不了的豆芽菜

在我们的日常用语中，"豆芽菜"这个词通常表示一件很不重要的事情。不过，在历史上豆芽菜的出现却意义重大。豆芽菜是我国劳动人民的独特创造，它是使种子经过不见日光的黄化处理发芽做成的。黄豆、绿豆和豌豆都可以用来发芽。具体做法是将豆子浸泡之后取出，用遮光之物盖住，几日之后，豆芽就发出来了。做成菜的豆芽，清脆可口，营养丰富，深受广大人民群众的喜爱。

图 3-3-1

豆芽

豆芽最初有个名字叫"黄卷"，其最初的时候，多是用作治疗疾病。比如南北朝时期的医学家陶弘景，在他所著医书《名医别录》中，就曾说："黑大豆……芽生五寸长，……名为黄卷。"宋代林洪在《山家清供》中记载了如何以豆芽做菜。他说先"以水浸黑豆，曝之。及芽，以糠皮置盆内，铺沙植豆，用板压，及长，覆以桶，晓则晒之。……越三日，出之。洗焯 [chāo]，渍以油盐酒香料，可为茹（蔬菜），卷以麻饼尤佳，色浅黄，名鹅黄豆生"。这段话的大致意思就是，先用黑豆泡水，再晾晒，等它们发芽之后，放在装着糠皮的盆子里面，再盖上一层沙，用板子压住，待豆芽发出来的时候，用桶盖住。三日之后，豆芽就长出来了。之后，洗干净，再在热水里面过一遍，烫熟，就可以凉拌了。凉拌之后的豆芽菜，卷着麻饼吃，味道尤其好。

明代的《种树书》详细记载了制作绿豆芽的方法，"绿豆水浸二宿，候涨，以新水淘，控干，用芦席湿衬地，掺豆于上，以湿草覆之，其芽自长"。总之，发豆芽必须要掌握好湿度、温度、氧气与光照这四个基本条件。

明代的文人陈嶷 [yí] 专门做了一首《豆芽菜赋》，其中有这样几句："有彼物兮，冰肌玉质。子不入于淤泥，根不资于扶植。金芽寸长，珠蕤 [ruí] 双轻。匪绿匪青，不丹不赤。宛讶白龙之须，仿佛春蚕之蛰。虽狂风疾雨，不减其芳；重露严霜，不凋其实。物美而价轻，众知而易识。"作者对于豆芽的形状、生长习性等特点的描述，真是入木三分。陈嶷也因为此文，考中科举，而后平步青云。

除黄豆、绿豆之外，我国古代还用赤小豆、蚕豆、萝卜以及荞麦种子，制成黄化蔬菜，味道都很鲜美。豆类种子富含蛋白质，在萌发过程中转化为各种氨基酸，具有很高的营养价值。

"中国珍珠"

　　我国普遍种植大豆，以东北地区所产大豆的质量最优。世界各国栽培的大豆都是直接或间接从我国传播出去的。大约在秦代的时候，大豆自华北引入朝鲜，又传入日本，18 世纪以后逐渐传播到欧洲和美国，成为世界上主要的油料和饲料作物之一。1873 年中国的大豆在奥地利首都维也纳举办的万国博览会上展出，引起了世人的重视。从此，中国大豆名扬四海，中国也被冠以"大豆王国"的美誉。

　　由于大豆的营养价值高，被称为"豆中之王""田中之肉""绿色的牛乳"，是数百种天然食物中最受营养学家推崇的食物之一。

　　20 世纪中叶以前，中国是世界上最大的大豆生产国。1911 年，中国以大豆为主的豆类、豆饼、油类出口额分别超过了 2658 万两、2142 万两和 1511 万两白银。到 1927 年的时候，大豆和豆油的出口量已经超过茶叶。不过后来中国的大豆生产量一直下降，美国的大豆产量却在不断增加。这是因为 20 世纪初期，美国开始从中国引种大豆，并且注重对优质品种的选育，因此他们在大豆种植方面取得了非常大的进步。如今，中国的大豆产业早已失去了世界霸主的地位，分别被美国、巴西、阿根廷超越。

　　为了促进中国大豆生产，改进大豆品质，我国从 2002 年开始推行大豆发展振兴计划，培育优质品种，改进栽培技术，提高防病虫害技术，这一系列的技术措施取得了显著成效。目前我国大豆主要有东北产区、黄淮海产区、南方产区三大产区，其中东北大豆产区生产最为集中，产量巨大，是我国最主要的大豆产区。

▶

图 3-4-1

古代关于大豆的记载 ·《金石昆虫草木状》·明·文俶绘

【台北图书馆藏】

大豆

区种法 · QUZHONGFA

垄作法与代田法 · LONGZUOFA YU DAITIANFA

亲田法 · QINTIANFA

分行栽培与农具的发展 · FENHANG ZAIPEI YU NONGJU DE FAZHAN

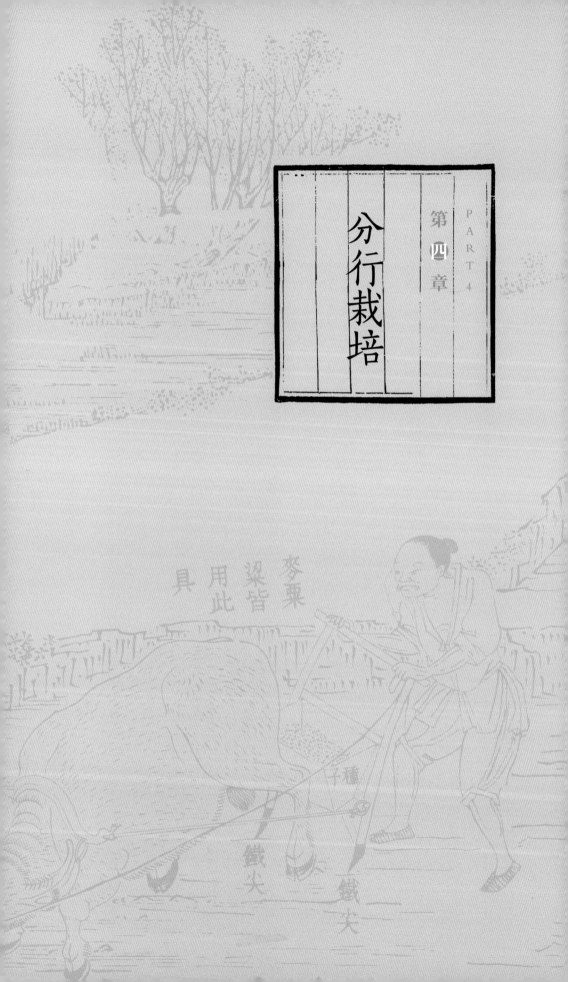

第四章 PART 4

分行栽培

分行栽培，顾名思义就是将作物进行成行栽培。原始农业时代，人们采用撒播与点种的方式，将种子杂乱无章地种在地里。用这种方式播种长出来的庄稼就像满天星斗一样，既不利于作物生长，也不利于农民进行管理。最迟不晚于公元前 6 世纪，中国农民就发明了分行栽培的方法。《诗经》中有诗句"禾役穟穟 [suì]"。当时人们将"行"称作"役"，"穟穟"是形容成熟的谷子下垂的样子。这句诗的意思是采用分行栽培的粟穗长得十分饱满。

　　成书于公元前 3 世纪的《吕氏春秋·辨土》中说，分行栽培可使作物"茎生有行，故速长；弱不相害，故速大"。因此要求分行栽培时做到"正其行，通其风"。这说明当时人们已经认识到分行栽培有利于作物的快速生长，要求农民播种时做到横纵成行，以保证田间通风。

　　分行栽培有利于农民除草，尤其是南方栽培水稻。如果不采用分行栽培，在水稻生长期间就无法进行除草和有效的管理。因此插秧时，农民必须要注意每株禾苗之间的距离。

　　在分行栽培的基础上，我国古代农民根据各地的环境特点，又发明出许多独特的分行耕作法，其中最具代表性的是区种法、垄作法、代田法、亲田法。

区种法，又叫区田法，是一种专为抗旱而发明的耕作方式。传说商汤时期，八年之中有七年会发生旱灾。大臣伊尹为抗旱救民，发明区田，教民众用粪进行种植。汉代农学家氾[fán]胜之总结了区种法的理念与方式。第一，选定种植的区域，对该区域进行深耕、施足底肥，为农作物的生长打下坚实的基础；第二，选择优良的品种进行播种，播种要采用点播的方式，而不是漫撒，以确保作物的行距，保证每株有足够的生长空间；第三，在作物生长期间，要精心管理，勤除草，多施肥，多灌溉，确保农作物顺利生长。

区种法的使用范围非常广，所谓"山陵近邑高危倾阪及丘城上，皆可为区田"，也就是说，丘陵、山地、平地都可以用区种法。

区种法具体实施的时候，又可分为带状区种法与方形区种法。

带状区种法，其标准种植技术要求是：以一亩地为标准，长18丈、宽4丈8尺。在这个区域内，横向种植15町，町间分为14道，用于人行，道宽1尺5寸，町作沟处理，沟宽1尺，深1尺。在沟间堆积土壤，之间也相距1尺。若种禾黍时，夹行为两行，夹行沟边要减少2寸半，人行通道也要减少5寸的距离，1沟种44株，1亩合计5750株；区种麦时，沟间距多为2寸，1行可种植52株，一亩合计93550株；区种大豆时，沟间距为1尺2寸，1行可种植9株，1亩合计6480株。

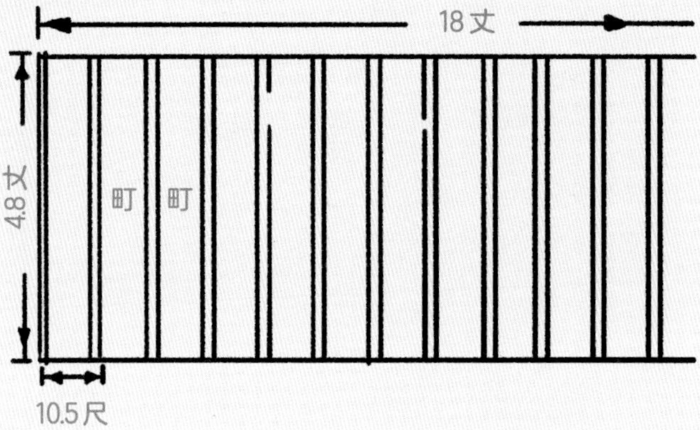

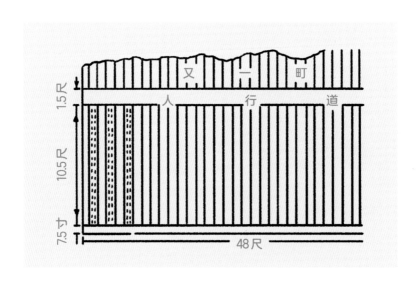

图 4-1-1

带状区种法的田面布置

图 4-1-2

带状区种禾黍示意图

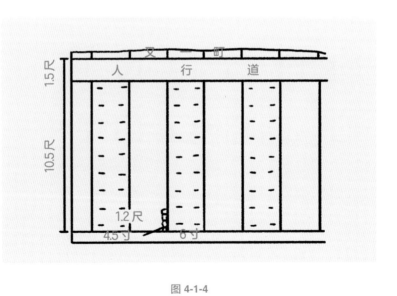

图 4-1-3

带状区种小麦示意图

图 4-1-4

带状区种大豆示意图

方形区种法，因为劳动力、土壤质量等因素的不同，又可分为三种耕作方式：

其一，上农夫的区，长、宽均为 6 寸，区深为 6 寸，区间距离为 9 寸，一亩地可以做 3700 区。区内种植粟 20 粒，用 1 升好粪与土混合，1 亩的用量为 2 升。成熟收获时，每区可收 3 升粟，一亩地可收 100 斛。种植小麦、大豆均用此法。

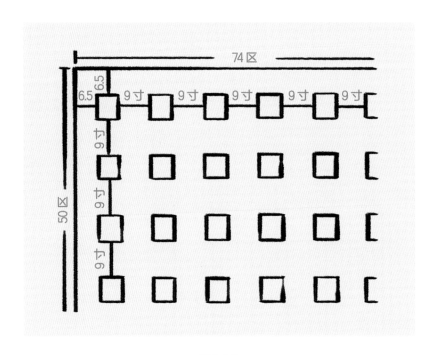

图 4-1-5

上农夫区种

其二，中农夫的区，长、宽均为 9 寸，区深为 6 寸，区间距离为 2 尺，一亩地做 1027 区，用种子 1 升，收获可达 51 斛。

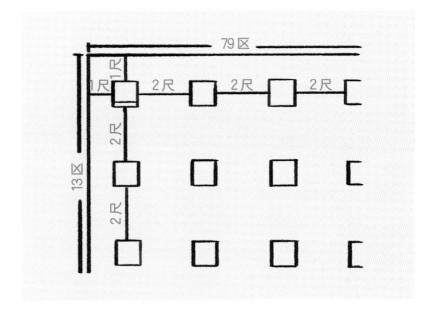

图 4-1-6

中农夫区种

其三，下农夫的区，长、宽均为9寸，区深6寸，区间距离为3尺，一亩地可以分成567区，用种子约为1升，收获多为28斛。

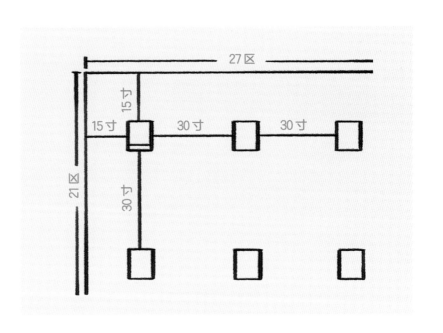

图 4-1-7

下农夫区种

区种法需要投入大量的劳动力，所以无法大面积种植，但在小范围内的精耕细作可极大提高单位面积产量，实现少种多收。在遇到灾荒或劳动力不足，农民无法大面积种田的时候，就可以用区种法。东汉明帝时期，因为牛瘟、水旱造成田地面积减少，为保证粮食总产量，皇帝就命令推行区种法以解决粮食生产的问题。

区种法在中国历史上产生过广泛的影响。因为它操作简单，所以一遇到干旱，人们便想到以此方法来应付旱情。从北魏到明清时期，先后有多人尝试过区种法，并取得了较好的收成。他们把区种试验的结果，写成报告记录下来，流传至今的有关区种法的著作就有 13 种之多。

　　与区种法相比，还有一种更为流行的抗旱耕作方法，叫畎 [quǎn] 亩法。畎亩法就是垄 [lǒng] 沟栽培法。春秋战国时期，由于铁犁牛耕的推广，垄作法也随之兴起。当时的文献将垄作称为"畎亩"。垄作法有两个优点：其一，因地耕作，防旱抗涝。据《吕氏春秋·任地篇》记载："上田弃亩，下田弃畎。"当时的人们把垄上叫亩，垄中叫畎。这句话的意思就是说在高旱之地把庄稼种在沟里，借以抗旱保墒；在低湿之地把庄稼种在高处的垄上，以防水抗涝。其二，实行条播可通风透光。

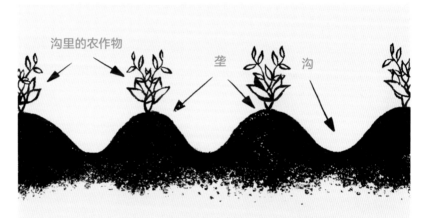

沟里的农作物　　　垄　　沟

由于水往低处流，若把农作物种在垄上，可以起到排涝的作用，故此种植法适用于降雨较多的地区及低洼地带。

图 4-2-1

畎亩法示意图

垄作法在我国农业生产中被推广使用。今天人们在种植玉米、红薯的时候，将行间的土培植在作物根部，形成垄作，这既有利于作物根系生长、薯块膨大，也有利于灌溉并调节田间湿度。在华南、江浙地区，由于当地降雨量大且时遭台风暴雨侵袭，农田常为水所浸。为了应对这个问题，农民就把蔬菜种在宽大的垄上，垄间一定距离留有水沟，以利排灌，避免涝害，干旱的时候还可以通过水沟引水灌溉。如此，可做到旱涝保收。

汉代，农学家赵过在畎亩法基础上发明了代田法。代田法与畎亩法类似，先把田地翻耕整平之后，开出沟与垄。赵过推行代田法的时候，要求一亩地内开沟三道，起垄三条，垄和沟各宽一尺，垄高一尺，沟深一尺。在沟中播种，作物幼苗在沟中生长，可以防风、抗旱，等幼苗长壮之后，将垄上的土锄平，填入沟中。开沟的位置每年轮换，因此叫"代田"。据《汉书·食货志》记载，代田法是"一亩三圳［zhèn］，岁代处，故曰代田"。

图 4-2-2

代田法示意图

代田法这种耕作方式既能保证土壤肥力的恢复，又可以充分利用土地，是一种连年高产、稳产的好方法。

为了配套代田法的推广，赵过还改进了许多农具，由政府派能工巧匠专门制作，耧车就是其中之一。特别值得称道的是，赵过推广代田法采用了比较科学的方式。他首先选择空地进行试验，在确认这种耕作方式确实能够实现粮食增产之后，再集中向关中地区有威望的人推广，教会他们新的耕作方法与农具使用技术后，由这些人再向农民普及。在推广的过程中，赵过十分注意听取别人的建议。当时农民养牛很少，无法在下雨之后有利时机及时翻耕整地。这时候一个人就建议赵过，可以组织人力拉犁。于是赵过组织农民以换工的形式，相互帮助耕地。据说人多的一天可耕地 30 亩，人少的也能耕 13 亩，这样更多的土地被开垦出来，也取得了节省劳力、增加粮食产量的显著效果。

赵过在长安附近试验推广代田法成功后，又将其推广到关中地区、宁夏河套地区、山西西南部、甘肃西北部及河南西部等地区。直到清代，这些地方仍然沿用代田法。据光绪《广宁县乡土志》中记载，当地种植时"垄变为沟，沟变为垄"。这就是代田法。

亲田法

亲田法是明代农学家耿荫楼在《国脉民天》中倡导实行的一种轮耕方法。这种方法主要把大面积土地划分为若干区，每年集中精力在某一个区域实行精耕细作，即在分行栽培的基础上，勤施肥，多除草，对农作物实行精细化管理。这样定期轮作，实现用养结合，取得土地单位面积上的高产。

亲田法的具体操作办法是："田百亩者，将八十亩照常耕种外，拣出二十亩，比那八十亩件件偏他些。其耕种、耙耢、上粪俱加数倍，……旱则用水浇灌，即无水亦胜似常地。遇丰岁，所收获较那八十亩定多数倍。即有旱涝，亦与八十亩之丰收者一般。遇蝗虫生发，阖家之人守此二十亩之地，易于补救，亦可免蝗。明年又拣二十亩，照依前法作为亲田。"因为在这个轮换过程中，农民始终要对所选的那二十亩地"偏爱偏重，一切俱偏，如人之有所私于彼，而比别人加倍相亲厚之至"，所以耿荫楼将这种耕作方式称为"亲田"。每年亲二十亩，五年轮亲一遍，百亩之田，即有碛薄皆养成膏腴之田。

在具体实施过程中，每年所选用作精耕细作的田并不一定只是20亩，具体数量视家庭劳动力、肥料、土地的多少而定。在选定的"亲田"之上，进一步推行分行栽培、垄作等方法。

分行栽培与农具的发展

作物实行分行栽培之后，也带动了相关农具的发展。公元前1世纪，在垄作法的基础上，汉武帝时期的农官赵过发明了播种机——耧车，极大提高了行播的效率。

据东汉崔寔[shí]记载，耧车由三只耧脚组成，即三脚耧。三脚耧，下有三个开沟器，播种时，用一头牛拉着耧车，耧脚在平整好的土地上开沟播种，同时进行覆盖和镇压，一举数得，省时省力，故它的效率可以达到"日种一顷"的程度。

图 4-3-1

三脚耧犁壁画及复原图

楼车发明之后，汉武帝下诏在全国范围内推广使用。之后，这种播种工具在民间流传开来。到元代的时候，人们在楼车的基础上，又改进出一种新的锄草农具——楼锄。楼锄使用的时候，用驴子牵引，锄草效率是普通人工的三倍，速度很快，每天可锄地 20 多亩。

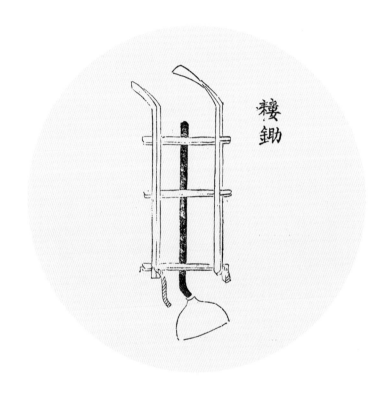

图 4-3-2

楼锄 · 《王祯农书》

农谚"锄头三寸泽"，意思是说，经常除草有利于保持土壤中的水分。随着冶铁技术的进步，战国时期铁农具取代青铜农具，推广开来。公元前 1 世纪，北方地区农民已经广泛使用一种改进的锄，叫"天鹅颈锄"。这种锄头的优点是它能除去作物周围的草却不伤作物，而且它还可以更换不同类型的锄片。天鹅颈锄的出现是我国古代农业耕作技术的显著进步。

公元7世纪，曲辕犁的出现，使耕地达到"行必端，履必深"的要求，农民可以更加灵活自如地耕地，且可保持耕地的宽度与深度均匀一致。

曲辕犁，也称江东犁，最早出现于唐代后期的江南地区，它是江南农民在长期的生产实践中发明的。据唐朝末年的著名文学家陆龟蒙《耒 [lěi] 耜 [sì] 经》记载，曲辕犁由11个部件组成，即犁舵、犁壁、犁铲、压铲、策额、犁箭、犁辕 [yuán]、犁梢、犁评、犁底和提手。犁铧用以起土，犁壁用于翻土，犁底和压镵用以固定犁头，策额保护犁壁，犁箭和犁评用以调节耕地深浅，犁梢控制宽窄，犁辕短而弯凸，犁盘可以转动。整个犁具有结构合理、使用轻便、回转灵活等特点，它的出现标志着传统的中国犁已基本定型。

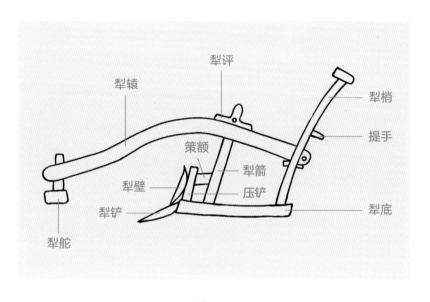

图 4-3-3

曲辕犁复原图

在唐代之前，人们普遍使用的是笨重的长直辕犁，这种耕犁耕地时回头转弯不够灵活，起土费力，效率也不高。曲辕犁和以前的耕犁相比，有几处重大改进，下面加以说明。

首先，将直辕、长辕改为曲辕、短辕，旧式犁长一般为9尺(1尺 ≈ 0.33 米)左右，前及牛肩；曲辕犁长合6尺左右，只及牛后。在辕头安装可以自由转动的犁盘，这样不仅使犁架变小变轻，而且便于调头和转弯，操作灵活，节省人力和畜力。由旧式犁的"二牛抬杠"变为一牛牵引。而且，由于占地面积小，这种犁特别适合在南方水田耕作，故在江东地区得到推广。

图 4-3-4

"二牛抬杠"

其次，曲辕犁增加了犁评和犁箭，如推进犁评，可使犁箭向下，犁铧入土则深；若提起犁评，使犁箭向上，犁铧入土则浅。将曲辕犁的犁评、犁箭和犁铧三者有机地结合使用，便可适应深耕或浅耕的不同要求，并能使调节耕地的深浅规范化，便于精耕细作。

最后，曲辕犁还改进了犁壁。唐代，犁壁呈圆形，因此又称犁镜。犁壁不仅能碎土，还可将翻起的土推到一旁，以减少前进阻力，而且能翻覆土块，以断绝草根的生长。曲辕犁结构完备，轻便省力，出现后很快就推广到了全国的各个地区，成为当时最先进的耕具。

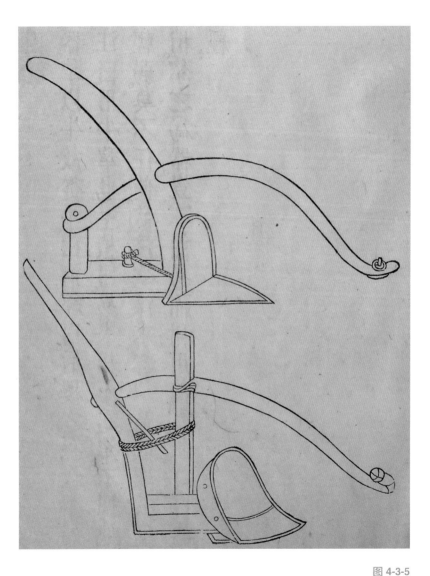

图 4-3-5

犁·《钦定授时通考》

曲辕犁的设计较以前的直辕犁更加人性化，符合人机工程学原理，主要体现在：通过犁梢的加长，使扶犁的人不必过于弯身；加大犁架的体积，便于控制曲辕犁的平衡，使其稳定。材料主要选用自然的木材，农民对木材特有的感情，会使其在使用时有亲切感。

另外，从经济性来说，唐代曲辕犁更经济实用，适合普通老百姓购买和使用。用材主要是木材和铁，木材价格低廉，随处可取；当时铁已广泛用于各种器物上，冶炼的技术被人们普遍掌握。从结构上看，既简单又连接牢固。

唐代曲辕犁的出现在我国古代农具发展史上有着重要的意义，影响深远。它的技术不仅在当时处于领先地位，而且设计精巧，造型优美，标志着我国农业生产走向进一步精细化的阶段。

直到 18 世纪中叶，欧洲才开始出现分行栽培。1731 年，欧洲农学家杰斯罗·塔尔努力劝说农民采用他所提倡的"马拉锄耕作法"，其中就包括分行栽培作物和彻底锄草。由此可见，中国分行栽培比欧洲早了 2000 多年。

图 4-3-6

北耕兼种图 · 《天工开物》

北耕兼種圖

粟麥梁皆用此具

種子

鐵尖

鐵尖

耧车的发明是中国农具发展史上的一件大事。它和中国古代的犁一样，对世界农业发展产生深远的影响。近代，耧车技术可能经过中亚或者南亚，经海上海路向西传入西欧。英国农学家塔尔发明的畜力条播机，可能就是受到了耧车的启发。韩国农业史学者闵成基指出，欧洲农学家普遍认为，欧洲在18世纪从亚洲引进了曲面犁壁、畜力播种和中耕的农具"耧犁"以后，改变了中世纪的二圃、三圃休闲地耕作制度，是近代欧洲农业革命的起点。

图 4-3-7

现代播种机

　　随着工业的发展，科技的进步，播种机被人们不断地改进，进而创造出了现代化的播种机。现代播种机使用拖拉机牵引，它的开沟装置更加精巧，能适应各种土壤条件，播种效果更好，效率也更高了。这是科技进步的结果，不过播种的原理与2000多年前的耧车还是基本一致的。

[1] 游修龄，曾雄生 . 中国稻作文化史 [M]. 上海：上海人民出版社，2010.

[2] 曾雄生，陈沐，杜新豪 . 中国农业与世界的对话 [M]. 贵阳：贵州民族出版社，2013.

[3] 何红中 . 中国古代粟作史 [M]. 北京：中国农业科技出版社，2015.

[4] 陈文华 . 豆腐起源于何时？ [J]. 农业考古，1991（1）：26.

[5] 郭文韬 . 中国古代的农作制与耕作法 [M]. 北京：农业出版社，1981.

[6] 黄金贵 . 饮食园圃中的国色天香——豆腐 [J]. 文史知识，1991（2）：20.

[7] 蒋慕东 . 二十世纪中国大豆改良、生产与利用研究 [D]. 南京：南京农业大学，2006.

后记
Epilogue

"五谷丰登"一词，我们常用来形容农业丰收的情形，五谷是中国人依赖的主粮，于人们生存非常重要。检视中国农业史，我们可以看到，在本书所写内容之外，还有许多重要的农业科技创造发明值得书写。本书所写之稻、粟、豆与分行栽培，前三者为重要农作物，后者为栽培方式。农作物的驯化栽培及其对世界农业的贡献，怎么形容都不为过，分行栽培的发明与应用则是人们为更好栽培作物的创造。

本书得以完成离不开学界优秀研究成果作为参考，如游修龄先生、曾雄生先生所著《中国稻作文化史》，曾雄生先生、陈沐博士、杜新豪博士著《中国农业与世界的对话》，何红中先生所著《中国古代粟作史》，陈文华先生对于豆腐起源的研究，郭文韬先生所著《中国古代的农作制与耕作法》等。在此一并致谢。书稿写作过程中，文字斧正、图片处理又蒙中国科学院自然科学史研究所孙显斌研究员、湖南科学技术出版社李文瑶女士、设计师 D·A 襄助，特致谢忱。

本书篇幅不长，所涉内容却广，不过只是普及性质读物，读者若想了解更多关于中国传统农业方面的知识，可参看相关学术著作，目前学界在这方面的著述颇多。